建筑科学之美

木结构建筑艺术赏析

姚利宏　编著

王喜明　费本华　主审

科学出版社

北京

内 容 简 介

本书对木结构建筑文化、造型和构造艺术进行了全面归纳总结，结合古代木结构建筑、现代木结构建筑以及景观建筑美学，展现了木结构建筑物和构筑物的艺术性。本书通过木建筑文化、传统木结构建筑艺术、现代木结构建筑艺术、木结构建筑赏析、公共卫生间——木结构青城驿站等5章，对木结构建筑之美、木结构建筑构件之美、木结构构筑物之美、木结构建筑材料之美、木材加工利用之美等方面进行了文字描述和实物展示。

本书不仅体现建筑科学之美，同时为木结构建筑行业的发展、木材加工利用提供了理论支撑，还对人们利用木材建造、营造美好的人居环境的理念进行了描述。本书适合木材科学与工程、建筑学、设计学、风景园林学等相关行业人员阅读参考。

图书在版编目（CIP）数据

建筑科学之美：木结构建筑艺术赏析 / 姚利宏编著. —北京：科学出版社，2020.6

ISBN 978-7-03-065374-1

Ⅰ. ①建… Ⅱ. ①姚… Ⅲ. ①木结构 – 建筑美学 – 世界 Ⅳ. ① TU-80

中国版本图书馆 CIP 数据核字（2020）第 093486 号

责任编辑：周万灏 王玉时 / 责任校对：鲁 素
责任印制：吴兆东 / 封面设计：迷底书装

科 学 出 版 社 出版

北京东黄城根北街 16 号
邮政编码：100717
http://www.sciencep.com

北京厚诚则铭印刷科技有限公司印刷
科学出版社发行 各地新华书店经销

*

2020 年 6 月第 一 版 开本：787×1092 1/16
2024 年 9 月第四次印刷 印张：7 1/4
字数：177 000

定价：39.00 元
（如有印装质量问题，我社负责调换）

前言
FOREWORD

　　建筑是建筑物和构筑物的统称，因其独特的造型艺术和构造艺术让人们铭记于心，因其独特的材料和工艺让人们体会艺术，人们对建筑的依赖由来已久，建筑也是人们情感表达的一种载体。建筑文化是人类文明发展的一个载体，也是人类文化发展的见证。在源远流长的建筑史上，以木质材料为主的建筑占据了极其重要的地位，特点显著，堪称人类智慧的结晶。

　　中国是木结构建筑的发源地之一，中国木结构建筑有着悠久的发展历史。在倡导绿色建筑、节能建筑的今天，木结构建筑的应用将愈加广泛，这将进一步推动木结构建筑的技术进步和艺术发展。

　　随着社会和经济的快速发展，人们提升居室环境品质的意愿越来越强烈，木材这种可循环利用的天然材料为建筑以及环境品质的提升提供了助力。木材由于具有花纹美丽、味道清新、良好的绝缘性、优良的加工性、温湿度的智能调节性等优良品质，备受人们青睐，是营造美好的户外空间和室内居住环境的主力军和先行者。

　　在本书的木建筑文化、传统木结构建筑艺术、现代木结构建筑艺术、木结构建筑赏析、公共卫生间——木结构青城驿站等5章里，著者对我国古代与现代木结构建筑、欧美传统与现代木结构建筑、亚洲古代与现代木结构建筑进行实地考察、拍摄，展示了木结构建筑之美、木结构建筑构件之美、木结构构筑物之美、木结构建筑材料之美，探究了如何更好地利用木材建造、营造美好的人居环境，供读者鉴赏。

　　感谢内蒙古自治区产品质量检验研究院曹琪，北京林业大学宋莎莎，国家林业和草原局林产工业规划设计院徐伟涛、李英洁，内蒙古农业大学李源河、郭宇、于建芳、胡建鹏、王哲、邢东、张俊，为本书的付梓出版给予帮助。

　　由于作者水平有限，错漏之处在所难免，敬请读者批评指正。

著　者

2020年3月

目录
Contents

绪论　木结构建筑艺术

建筑是一种造型艺术，而艺术作品反映的不仅仅是客观事物的必然之理，也常常会渗入甚至让位于人们的情感表现，因此建筑艺术是主观和客观的融合。"从艺术的内在要求来说，只有达到表现的层次，才谈得上是艺术。"当代建筑越来越多地重视个人体验和心理感受，许多人主张用"表现""表现力"等词汇去替代传统的"美"的提法，这当然与人们的审美观点的变化有关，但这也许更加贴近艺术的本质。

建筑艺术的表现性可以从三方面来认识：一是环境（自然环境和文化环境）的特殊性；二是建筑材料、结构以及构造等方面的表现性；三是建筑师个人的修养偏好，以及技巧、手法等的倾向性。在建筑设计中我们常常提到空间表现、材料表现、结构表现等许多方面。

西方人说"建筑是石头的书"，而中国建筑不是石头，是以木结构为主的一部记载中国文化的厚重的书。换句话说，中国的建筑以木材建筑为主，那么木材建筑文化的精髓如何体现，木材建筑加工中的艺术如何实现，木材建筑的艺术如何借鉴和发扬，是值得我们深思的问题。

就建筑艺术而言，我们必须研究建筑形式美的规律与特征以及建筑美学理论。建筑艺术是由建筑空间和建筑实体所构成的艺术形象，包括建筑构图、比例、尺度、色彩、装饰以及建筑质感和空间感等，是将美的形象表现出来的一种方式。建筑艺术还常需要应用雕刻、绘画等艺术形式装饰，从而创造出美的室内外空间环境。

建筑艺术是视觉艺术，人们通过建筑的形象感受它的美，与其他视觉艺术有相似之处；但建筑艺术又不同于其他艺术门类。建筑艺术是一种集体智慧的结晶，是一种技术和艺术的产物，是一种财富和创造力的体现。它不像画家用画笔那样挥洒自如地表达自己的审美感受。它必须受财富和技术条件的制约，要用大量的生产资料和劳动力才能实现。它所耗费的物质资源规模之大是任何其他艺术门类都难以比拟的。

任何建筑都在追求"美观"。从古到今，大量的建筑是以解决一般性的实际功能为主，所谓"美观"的广义建筑艺术几乎无所不在，这类建筑基本属于广义的建筑艺术范畴。但进一步要求体现出某种"意义"或寄托某种"精神"倾向的建筑并不是随处可见。

建筑艺术史研究的主要对象是历史上那种投入的智力和物力最多的、被人们倾注了极大热情的、在精神上和艺术上有一定意义的大型建筑，历史上多半为统治阶层所占有的建筑，如宫殿、神庙、陵墓、园林等。它们的文化信息最强，始终占据着历史上建筑艺术的主导地位，属于狭义的建筑艺术范畴，体现了占统治地位的社会文化。

但是，我们还不能把它当作建筑文化的全部，那些处于"较低"的社会层次、属于民间文化的建筑——如"民居"，近年来逐渐成为建筑艺术研究的"热门"，因为艺术的土壤就在民间，更多地存在于千千万万劳动人民的行为准则、思维方式、风俗习惯和审美趣味之中,艺术在这些方面表现得最坦率、最少矫饰。很多高尚的艺术就是在最广大的民间审美活动中集中、升华和凝练而成的。中国古代建筑艺术的成就,表现在由单纯的大屋顶派生出的千变万化的建筑形式,也表现在精彩的平面布局所传达出的空间意识中。东方建筑的分布以中国为中心,同时包括日本、朝鲜等其他东亚国家。与它同时并存的又有其他两种特殊建筑形态,即印度建筑和伊斯兰建筑。印度虽然历史悠久,但由于多种宗教更迭,形成文化断代,自12世纪后以伊斯兰建筑为主。伊斯兰建筑产生的时间较晚,它较多地受到拜占庭文化的影响。不论是印度的石窟寺还是伊斯兰教的清真寺,它们都是石头建筑;而中国的建筑则是在独自发展中形成的,并一直延续至今。中国和日本、朝鲜的古建筑,以木结构为其典型特征,成为世界建筑史上风格独特的建筑形态。

木材是一种可再生的建筑材料,也是最古老的建筑材料之一。由于其天然美观的纹理、柔和的视觉效果、良好的保温隔热性能以及优良的力学性能,木材自上古时期的"构木为巢"开始就和人类生活息息相关。木结构建筑是人类最早兴建的建筑结构之一,积淀着丰厚的建筑文化传统。同时,木结构建筑是一种低碳、环保、节能、有益于人体健康的"绿色建筑",其市场潜力巨大、发展前景广阔,将会成为我国建筑市场的新宠。

建筑是技术、艺术和文化的结合,它真实地反映了人们的生活方式、审美观与价值观。建筑文化与艺术在不断演变中记载了历史的发展,体现了不同历史时期人们的生活习惯、不同民族的生活特点等。

本书将以木结构建筑不同的用途和类型为出发点,通过对木结构建筑的造型之美、构件之美、结构之美、木材之美、木材加工之美等方面的阐述,详细总结了木材建筑艺术美学及艺术加工特点,供读者鉴赏。

第一章 木建筑文化

第一节 木建筑文化的含义

1. 木建筑文化的含义   建筑文化是人类文化的一个组成部分，也是人类文化发展的产物。但人类的不同发展时期建筑文化是不同的，如果以建筑文化发展的阶段性为标准来划分人类建筑文化，大约可分为早期建筑文化、传统建筑文化、现代建筑文化、未来建筑文化这样四个主要阶段。早期建筑文化在人类各区域都无多大差别；传统建筑文化时期，则在不同区域形成各具特征的建筑文化思想意识观念体系，且以宗教意识的区别为最主要特征；现代建筑文化又在交流的混融中趋近，逐渐减少各自间的差异；未来建筑文化趋势则是建筑文化发展规律的必然结果。

2. 木建筑文化的审美特点   在我国源远流长的建筑史上，一个最为显著的特点就是以木质材料为主的建筑占据了极其重要的地位。远古时代，我们的先辈利用木材的诸多优点，采用独特的空间组合结构，并以此为骨架，建造出了既能满足功能要求又具备独特风格的建筑形体。这些木建筑质地坚实、纹理美观、色泽光润并与建筑环境巧妙搭配，营造了极为文雅、怡人、纤美的居住环境，如金碧辉煌而不失庄严凝重的皇家大院、洒脱飘逸略带俊然安详的江南画廊、绮丽率真不失淡雅和谐的干栏建筑、丹崖壁立又有幽谷茶郁之闲的古寺佛庙等，都与木结构结下了不解之缘。这些孕育于我国古代绚烂文化中古朴而又清丽的木建筑，借助琉璃、雕刻、彩绘等装饰材料以及歇山、攒尖、囤面等屋面形式，极大地丰富了我国古建筑恢宏、奇伟的内涵，是我国古建筑史上一幅迷人的画卷，它反映了我们的祖先作为栖居者的生活态度和审美情趣，表现出他们对理想生活环境的追求与爱慕，充分展示了独具特色的地域文化和我们的先辈在人与自然和谐方面的努力。作为一种文化的历史积淀，它蕴含了睿智的建筑技巧和浓郁的建筑风情；作为一种精神象征，它展示了特定环境下形成的高雅审美情趣和不同地域的时代气息。

同时木建筑还展现了我国审美观念中的传统美，主要表达了以下几个方面的审美特点。

第一，对称美。无论是阴宅还是阳宅，传统建筑风俗对周围环境的要求讲究"左青龙、右白虎"，这一风俗就是美学对称均衡原则的最好体现。此外，木建筑本身也处处体现出一种对称美。

第二，和谐美。早在春秋末期，楚国大夫伍举就给美下了一个定义，《国语》对此作了记载："夫美也者，上下、内外、大小、远近皆无害焉，故曰美。"这个定义道出了美的本质特征——和谐。木建筑与建筑大环境的巧妙融合，就体现了一种生动的和谐美。

第三，生机美。大地犹如人体，一样有经络和穴位。生机勃勃是健康的体现。

第四，曲线美。传统建筑风俗的曲线美主要体现在"山环水抱"和"曲径通幽"

两方面。清代袁枚在《与韩绍真书》中写道:"贵曲者,文也。天上有文曲星,无文直星。木之直者无文,木之拳曲盘纡者有文;水之静者无文,水之被风挠激者有文。"

第五,节点美。传统木结构建筑的节点采用榫卯,体现节点配合、和谐之美,你中有我,我中有你,相互包容,共存共生。榫卯结构是中国从古代的建筑就一直沿用的结构,充分体现出中国古老的文化和智慧的高深。榫卯结构的运用,巧妙的使用物体之间的摩擦力。

第二节　木建筑文化的发展历史

本节彩图
请扫码

我们的传统建筑经过一代又一代人的努力,缔造了辉煌的历史;而促进这一过程发展的正是华夏大地各历史时期政治、经济的繁荣。但各朝代的历史时期不同,经济、政治、文化背景均有差别,使得我国各时期传统建筑中有着深深的时代精神烙印,呈现着明显的时代风貌。

1. 雏形时期(原始社会)　河姆渡文化时期,我们的祖先勇敢迈出山洞的第一步,开始营造属于他们的木质巢穴和土洞居所(图1),在这一刻,中国建筑的最原始面貌出现了,直到后来的宫廷楼阁、大殿飞檐。

图 1　河姆渡遗址(李源河手绘)

2. 成型时期(奴隶社会)　自中国出现第一个奴隶制社会夏朝,此后相继出现商、西周等朝代。先民经历的1600多年的漫长岁月中,伴随国家跟王权的发展,宫殿、苑囿和宗庙等建筑应运而生,由于当时处于青铜器时代,建筑本质结构均以木构架为主（图2）。而周代时期已经形成了按中轴线对称的初级庭院式布局模式。陕西岐山凤雏村宫室基址由三个庭院组成，整个遗址以中央殿堂为中心，四周由殿堂环成庭院，布局规整，符合周代"前朝后寝"的设计规范（图3）。

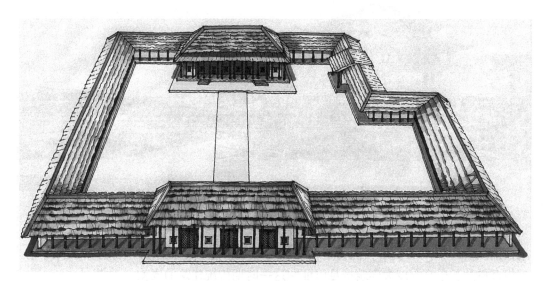

图2　二里头宫殿遗址复原图（李源河手绘）

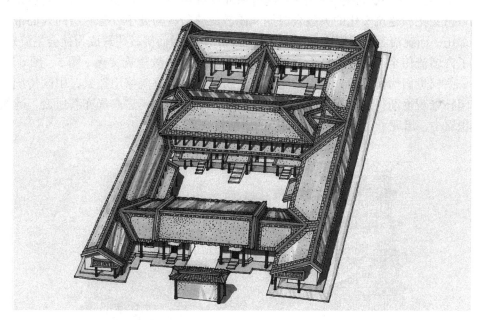

图3　陕西岐山凤雏宫殿遗址复原图（李源河手绘）

3. 成熟时期（战国、秦汉）　　春秋战国过后，中国建立了封建专制的第一个王朝——秦朝。秦朝的建筑规模宏大、气魄不凡，有种"舍我其谁"之感，例如举世闻名的万里长城，巍峨挺拔，连绵不绝，其规模之广令世界仰望；又如秦始皇陵，这样浩瀚的土木工程世间少见；还有气势宏伟的阿房宫，更是令世人称奇（图4）。而后的

图 4　秦咸阳宫一号遗址复原图（李源河手绘）

东西两汉，经济繁荣发展，国力空前昌盛，形成多边贸易往来的世界经济文化中心。千门万户的长乐宫等庞大建筑群足以证明这一时期传统建筑的成就。

4. 融合时期（魏晋南北朝）　魏晋南北朝共经历了三百多年，这期间也是我国传统思想文化和建筑文化的大融合时期。佛教的盛行，为处于社会底层的人们带来了精神寄托，而统治者希望用这种佛学思想控制百姓，因而佛教建筑成为社会主流建筑，出现了许多流传至今的寺、塔、石窟和雕塑与壁画等佛教建筑文化（图5、图6）；同时，一些权贵们怡情自然，追求归隐山林，纷纷在自家庭院修山造景，中国传统建筑中的园林景观逐渐得到了发展。而这一时期人们对城市、街道布局亦有所变，建筑规模面积缩小，出现了"市"和整齐划一的里坊建筑。

图 5　玉岗 21 窟塔心柱（李源河手绘）

图 6　永宁寺塔（李源河手绘）

5. 繁荣时期（隋唐时期）　隋唐两代国力空前强大，中国传统建筑文化也推陈出新，发展到繁荣时期。国力的空前繁荣，使得这一时期的建筑风格展现着天朝大国的璀璨与气魄，豪华壮观，大气非凡。隋唐时期中国的传统建筑最具代表性的是宫殿建筑，它规模庞大，以磅礴之气渲染出皇家的气派（图7、图8）。坊市也是当时的传统建筑中的佼佼者，从平面布局到建筑规模上都印证了我国传统建筑的蓬勃发展。而唐代的对外开放程度极高，本土的道教，以及外来的佛教、伊斯兰教等宗教建筑也竞相发展、各具情调，建筑文化空前繁荣。

图 7　南禅寺大殿（李源河手绘）

图 8　佛光寺大殿（李源河手绘）

6. 渐变期（宋、辽、金、元） 这一时期，少数民族的政权与汉民族政权交替争锋，建筑文化在磨合碰撞中发展，异彩缤纷，各具特色。此时的宫阙殿堂等建筑已不具前朝的规模，由于民族融合，商业往来频繁，商业类建筑从而蓬勃发展。整体水平上，传统建筑风格已与盛唐时期的宏伟刚健相去甚远，转向阴柔华美。殿阁楼台等建筑群由简洁雄浑转向复杂烦琐（图9～图11）。单体建筑也有不同，开间面阔由中央向两侧递减，门窗等开合结构的构件变得灵活多样，顶棚装饰也有所增加。期间，宋代建筑在材料应用、绘画装饰、木架结构等方面做出了总结，更加规范了中国传统建筑的基本模式。元代建筑有着浓郁的民族特色，在城市建筑群体中，往往会突出钟楼和鼓楼的造型。

图9　初祖庵大殿（李源河手绘）

7. 集成时期（明、清） 基于前代传统建筑文化的发展，明、清的宫殿建筑和皇家园林规模空前浩大，集传统建筑精髓于一身。此时的建筑整体结构严谨细腻，完全程式化、定型化，装饰也转向多元和烦琐。制造业的水平大有提高，尤其是制砖业的技术成熟和发展使明、清建筑有了一个质的飞跃，红砖与青砖的应用大大提高了建筑的使用寿命，也丰富了建筑种类。私家园林也在这一时期大批地涌现。清代宫廷更加强调了建筑的规范性，对建筑的选材、面阔、进深、梁高、柱高、顶棚样式等规范严格，并对中国传统建筑做出了规范和总结。清代民族文化融合使得建筑出现"混搭"风格，如承德避暑山庄、布达拉宫、西安市钟楼、广西容县真武阁等建筑（图12、图13），这些建筑形式囊括了汉族、满族、蒙古族、藏族等风格在内，体现了中国传统建筑文化的多民族融合。

图 10　观音阁（李源河手绘）

图 11　北岳庙德宁殿（李源河手绘）

第三节　木建筑文化的贡献

本节彩图
请扫码

　　在我国的传统文化中，木为生命象征，故供人起居的建筑应以"木"为根本。在我国源远流长的建筑史上，一个最为显著的特点就是以木质材料为主的建筑占据了极其重要的地位，中国传统建筑的主要发展方向是木架结构，这一点与欧洲很早就转向砖石建筑的探索方向很不相同。木材相对于石材而言有一些弱点，

图 12　西安市钟楼（李源河手绘）

图 13　广西容县真武阁（李源河手绘）

比如坚固性和耐久性较差、尺寸受树木本身的限制等。但中国的能工巧匠们充分发挥了木材柔性好的优势，以柔克刚，建立了与木材相适应的建筑结构体系，独具风姿。他们建造了大规模的建筑单体，其中还有一些"长寿"的建筑保留至今。西安（位于中国西北地区）半坡村发掘的房屋遗址表明，中国早在新石器时代就已出现木结构房屋。

　　中国古代建筑与世界其他建筑形态最基本的区别是以木结构建筑为主的建筑体系。

中国建筑以木结构为本位，建筑的体量不能太大，体型不能很复杂，为了表达宫殿的尊崇壮丽，建筑群向横向铺展，通过多样化的院落，以各单体的烘托对比，院庭的流通变化，庭院空间和建筑实体的虚实互映，室内外空间的交融，达到量的壮丽和形的丰富，渲染出强烈的气氛。而西方石结构建筑则更加强调竖向的延伸和单体形象的突兀变化，这些都是中西方建筑艺术的重大差别。

现存的唐代木结构建筑中，最重要者为南禅寺大殿（图14）与佛光寺大殿（图15）。

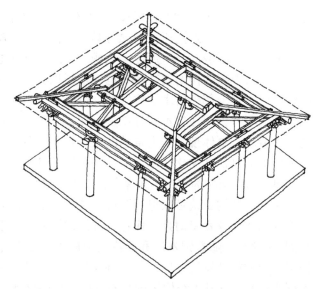

图 14　南禅寺大殿梁架示意图（李源河手绘）

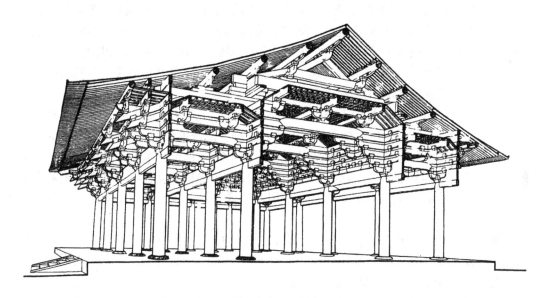

图 15　佛光寺大殿木构架示意图

中国现存最早的木结构建筑——山西五台山南禅寺大殿建于唐建中三年（公元782年），是一座小型殿堂，屋顶单檐歇山式（上部两坡，下部四坡），屋坡平缓。由于平面近于方形，若采用庑殿顶（四坡），正脊将显得过短，结构也很复杂，采用歇山，比例就很合宜，这成了方形或近于方形平面殿堂普遍的处理方式。

佛光寺大殿也在五台山，建于唐大中十一年（公元857年），是一座中型殿堂，平面长方形，正面七间，屋顶为单檐庑殿，屋坡也很缓和。殿内有一圈内柱，把全殿空间分为两部：内柱所围的空间称"内槽"，内柱和檐柱之间的一圈空间称"外槽"。内槽有佛坛，上有五组造像，与建筑配合默契，空间较高，天花下坦率地暴露梁架，既是结构所必需，又是体现结构美和划分空间的重要手段；外槽较低、较窄，是内槽的衬托，空间形象上也取得对比，但梁架和天花的手法与内槽一致，全体一气呵成，有很强的整体感和秩序感。

另外，中国的楼阁式塔建筑也以木结构为多，也有砖石的，或砖心木檐，但不论哪种材料，形象都模仿木结构楼阁。但由于木材不容易保存，中国现存唐以前的木楼阁塔已无一存，而在日本保存尚多。保存下来的中国传统建筑，不但凝聚了中国先辈的巨大劳动，更体现了古人卓越的艺术智慧，具有历史价值和艺术价值，是中华民族伟大历史的见证和文化艺术珍品，是中国的甚至是全世界的共同文化遗产，尤其中国古代建筑以木结构为主，不易保存，就更显得难能可贵了。

西方木结构建筑可以追溯到古希腊、古罗马时期，但北美的木结构建筑则兴起于16世纪资本主义萌芽时期，而且当时的建筑是不同于欧洲的传统木结构的新形态建筑。直到19世纪，随着锯木厂和蒸汽动力的圆锯的产生，加工出大量的规格木材，轻质框架结构才得到发展。1833年，在美国芝加哥出现一种被称为"芝加哥房屋"的轻质木框架房屋，这种木结构房屋结构可靠、构件合理、施工简便、使用舒适并经久耐用，这种始于19世纪和20世纪早期的木结构住宅至今仍是美国住宅中的主流。

轻质框架房屋在19世纪后期和20世纪早期最为常见，后来逐渐演变成平台框架房屋。平台框架及轻质框架是建造木框架房屋的两种方法。自从20世纪40年代后期开始，平台框架开始占主导地位，如今，它代表了加拿大建筑业的常规做法。

1940年，现代主义建筑大师密斯·凡·德·罗在芝加哥伊利诺斯工学院讲授的课程设计中有轻质框架式木结构住宅设计。

随着林业的发展和木材加工技术的提高与完善，工字梁、定向刨花板、结构胶合板及精制桁架等多种结构用木材产品的出现，进一步促进了轻型木结构建筑的发展。

从300多年前移民北美的欧洲殖民者将传统木结构建筑技术带到北美至今，北美地区（主要是美国和加拿大）已有90%以上的住宅（包括独立住宅、联体住宅和多层公寓）以及相当数量的低层商业建筑都采用木结构。木材成为北美住宅建筑和低层商业建筑主要的建材。

别墅在古代中国称为离宫、别业，或者行馆，中国古籍中早有记载；后从西方传入，就叫作别墅。西方的别墅历史可上溯到罗马帝国时代的哈德良离宫，成熟阶段是在文艺复兴时期的贵族乡间村邸，甚至国王的离宫，如弗朗西斯一世的枫丹白露和路易十四的凡尔赛宫等。它们或有华丽宏大的园林，或享天然奇美的山水，或于乡间田野，或落岛屿海湾，常为皇室贵族独享。

第二章 传统木结构建筑艺术

第一节 木建筑造型

本节彩图
请扫码

1. 木结构建筑的含义及分类   建筑是建筑物和构筑物的统称。木结构建筑是以木材为主要结构材料的建筑物。广义上讲，木结构建筑应包含桥梁等其他建筑。木材建筑是人类社会智慧的结晶。中国是木结构建筑的发源地之一，中国木结构建筑有着悠久的发展历史。现代木结构建筑在中国始于 20 世纪 80 年代，随着我国城市化步伐的加快和人们生活水平的提高，木结构建筑得到了迅速发展。在倡导绿色建筑、节能建筑的今天，木结构建筑的应用将愈加广泛，这将进一步推动木结构建筑的技术进步和艺术发展。

木结构建筑按使用材料分为普通木结构、胶合木结构、轻型木结构和混合木结构建筑；根据现代木结构居住建筑结构体系分为井干式结构、梁柱式结构和轻型木结构。

2. 木建筑造型   建筑造型是指力图把建筑美的本质体现于实虚形态对立统一的创造中，争取提高其审美价值的过程和创造的结果。

梁思成描述中国建筑的主要特征时，对古代建筑的外部轮廓有一段精辟的概括："翼展之屋顶部分，崇厚阶基之衬托，前面玲珑木质之屋身。"

（1）单体建筑在外观上大致可分为台基、屋身、屋顶三部分，其中屋顶变化较为显著，形式有庑殿、歇山、悬山、硬山、攒尖、卷棚。

1）庑殿：古代建筑中最高级的屋顶式样，实物以诸汉阙和唐佛光寺大殿为早，单檐有正中的正脊和四角的垂脊，共五脊，故又称五脊殿。简洁的四面坡，尺度宏大，形态稳定，轮廓完整，翼角舒展，气势宏伟，神态严肃，力度强劲，有一种雄壮之美（图 16）。

2）歇山：歇山的等级仅次于庑殿，它由正脊、四条垂脊、四条戗脊组成，故又称九脊殿。歇山即悬山与庑殿相交所成的结构（图 17）。形态构成复杂，翼角舒张、轮廓丰美，脊饰丰富，既宏大、豪迈又华丽、多姿。

3）悬山：即两山屋顶由檩伸出山墙以外的结构，也叫挑山（图 18）。特点是屋檐悬伸在山墙以外，檐口平直，轮廓单一，简洁、淡雅，立面舒放、大方。

4）硬山：即左右两面是直立的山墙，只有前后两坡的建筑，也是两坡顶的一种，但屋面不悬出山墙外（图 19）。檐口平直，轮廓单一，显得十分朴素，有一种质朴、憨厚之美。

5）攒尖：攒尖多用于面积不太大的建筑屋顶，如塔、亭、阁等，其特点是屋面较陡，无正脊，而以数条垂脊交会于顶部，其上再覆以宝顶（图 20）。

6）卷棚：中国古建筑中的一种形式，其屋面双坡，没有明显的正脊，即前后坡相接处不用脊而砌成弧形曲面。

图 16

图 17

图 18

图 16　庑殿

图 17　歇山

图 18　悬山

图 19 硬山

图 20 攒尖

（2）屋身包括梁枋、斗拱、雀替、博风、藻井、瓦当、匾额与对联、槅扇与门窗、罩、彩画等，本章第五节详述。

第二节　木建筑造型的艺术性

1. 中国传统建筑中的梁与柱的艺术　　在中国传统建筑整个木构架结构的建筑体系中，梁和柱这两种建筑构件既是支撑整个屋架全部重量的主体，又是传统木构架建筑的主要装饰构件。梁是指架设在立柱上接近顶棚的横向水平类的建筑构件，它不直接承受椽类构件荷载的木结构构件，屋顶和顶部构件重量通过柱体疏导至地面，它们各部件间通过有序的结合，共同承载着整个建筑物的重量。

（1）梁在中国传统建筑中门类较为广泛，根据它们所处的位置、功能、形状可大致分为七架梁、五架梁、三架梁、桃尖梁、趴梁、抹角梁、太平梁等诸多种类。而在南方民居中最具有代表性的为"月梁"，它是把原本的直梁烘烤弯曲，加工成为形状宛如月牙的梁体，将梁的左、右两端向下弯曲，中央部分向上弯曲。这样的梁身两侧下弯，中央上拱，形状犹如月状。它的出现不仅在力学上增强了梁的承载能力，同时也加强了居住者的安全感，并且在形态上也得到了改善，使原本的单调直梁变得生动趣味，丰富了视觉上的美感。

（2）传统建筑的柱子由三部分共同组成，分别是柱头、柱身还有柱础。跟梁相同，柱身也是传统建筑中木结构的重要支撑构件之一。它是传统建筑中竖向的构件，与地面垂直，柱身上部和柱头由枋类构件连接，这样柱身和建筑形成有机的整体，而柱身直接承载的建筑的重量，由柱础释放到地面。柱础的存在可以避免柱身直接触地而遭到地面湿气侵蚀，也可以将柱身承受的重力均匀传到地面，这也就是为什么柱础的截面要宽于柱身。柱子因为形态和分布区域的不同，大致上分为落地柱与童柱；按照功能来细分，落地柱中又分为廊柱、金柱、脊柱、山柱等；而童柱，我们时常也称它为瓜柱。中国古代有句谚语叫作"墙倒屋不塌"，为什么屋不塌？这要归功于梁、柱式的结构，这是我国传统建筑中的最大特点。由于特殊梁、柱具备承重结构，而墙壁不具备承重功能只发挥着空间分隔的作用，所以我国传统建筑有着很出色的抗震灾、水灾的效果。水灾时，即使水灾冲垮墙壁，由于建筑框架的榫卯结构，使建筑具有超强的整体性，整个木架构筑的建筑空间是相对稳定的，所以建筑不会轻易倒塌；而震灾时，它可以把巨大的震能通过梁、柱、椽、檩等结构进行分散、传导，把振动能量消散在弹性很强的各部分构件连接的节点上，从而减少震灾对建筑结构和人的伤害。

2. 中国传统建筑中斗拱的艺术　　斗拱是传统建筑中以榫卯结构交错叠加而成的承托构件，它是体现建筑风格的形式因素。斗拱处于柱顶、额枋、屋顶之间，是立柱与梁架之间的关节，是为了分散梁、枋、檩等构件的结合。林徽因曾经这样描述："椽出为檐，檐承于檐桁上，为求檐伸出深远，故用重叠的曲木——翘向外支出，以承挑檐桁。为求减少桁与翘相交处的剪力，故在翘木加横的曲木——拱。在拱之两端或拱与翘相交处，用斗形木块——斗垫托于上下两层拱或翘之间。这多数曲木与斗形木块结合在一起，用以支撑伸出的檐者，谓之斗拱。"由于斗拱具有承挑外部屋檐荷载的作用，才使得外檐外伸更远。可见，斗拱是在物理力学基础上对木材承载力的有限创造；同时，斗拱在檐下能够形成一层斗拱群，这种纵横构件组成的空间网架结构层，对建筑的防震也起着重要作用。斗拱不局限于檐下，建筑物内部柱与梁、枋、檩之间也用斗拱，它可以分散梁架过于集中的重载，同时也解决了室内空间狭小的问题。

斗拱由斗、拱、昂等构件组成。斗拱上部凿有槽口的斗形木块。斗拱根据位置和功能不同又有不同的名称，按在建筑物中的位置划分为两类：在建筑物外檐部位的称为外檐斗拱，处于建筑物内檐部位的称为内檐斗拱。外檐斗拱又有平身科斗拱、柱头科斗拱、角科斗拱、镏金斗拱等；内檐斗拱有品字科斗拱、隔架斗拱等。在一组斗拱中，位于最下方的称为大斗或坐斗，它是斗拱最下层的承重构件，汉代称为栌，宋代称为栌斗；位于翘头之上的称为十三斗，宋代称为交互斗；位于横拱两端之上的称为三才斗，宋代称为散斗；位于翘头与横拱交叉位置之上的称为齐心斗，亦称"槽升子"。拱是安置于斗面十字斗口内的曲形短木，有向内外挑出的纵向"翘"（华拱）和与其垂直的横拱之分。根据位置的不同，有不同的称谓，如华拱、泥道拱、瓜子拱、万拱等。在不同的斗拱中，每一种拱的尺寸、形状也不尽相同。昂是由商周大叉手屋架演变而来的斗拱构件。宋代建筑斗拱的昂部还很长，下伸至斗拱外端，支撑前檐；上至中桁檩下部，挑成梁底；以斗为支点，前檐和桁檩的重力保持均衡，起到了杠杆的作用。到明清时期，昂逐渐演变成一种纯装饰的构件，由大变小，由长变短，由雄壮变的秀丽细长，由简单变得繁密，并且雕刻成各种形象，如龙头、凤首、象鼻等。一组斗拱称为"攒"——攒斗拱，通常由方斗、曲拱、斜昂等几十个甚至上百个构件组成，纵横交错，层层叠叠，构成了中国传统建筑的奇观。斗拱不仅是中国传统建筑独有的一部分，而且也是独有的一种制度（图21）。

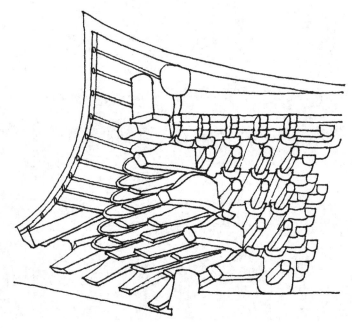

图21　牌坊中的斗拱结构（李源河手绘）

第三节　木建筑造型的特点

北宋著名匠师喻皓在《木经》中说："凡屋有三分，自梁以上为上分，地以上为中分，阶为下分。"上分即屋顶，中分就是屋身，下分即屋基，亦称"三停"。

本节彩图
请扫码

建筑造型包括体型、立面、细部等，是建筑内部空间的外部表现形式，也是人们对建筑的第一印象。从个体建筑到建筑群，直至整个街道、城市，建筑外观广泛地被人们所接触，给人以深刻的印象，影响着世世代代的人民。中国从古代就流传下众多具有民族特色的建筑形态，特别是木构架建筑。

屋顶的形式变化较为显著（图22～图24），常见形式详见本章第一节。古代建筑屋顶装饰包括屋脊饰物、下檐的垂兽等。

屋脊饰物：鸱（chi）吻，殿堂正脊两头的装饰物，又名"蚩吻""龙吻""正吻""大吻""吞脊兽"。

下檐的垂兽：仙人在前，一龙二凤三狮子，（中排）四海马五天马六押（音"侠"）鱼七狻猊（音"酸尼"），八獬豸（音"谢志"）九斗牛十行什，行什之后以垂脊下端的垂兽为结束。

图22　木建筑屋顶（1）

图 23　木建筑屋顶（2）

图 24　木建筑屋顶（3）

第四节　木建筑构件艺术

1. 木建筑构件的含义　　木建筑构件是木结构建筑中一个独立的受力单元体（图 25）。

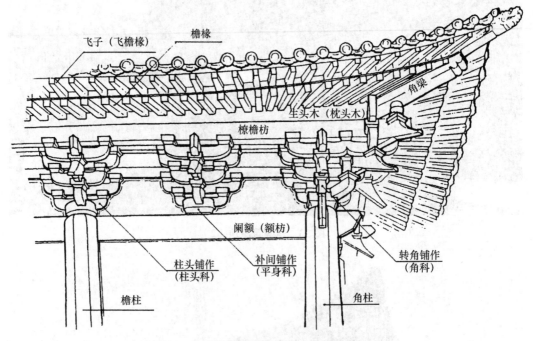

飞子（飞檐椽）　　檐椽

角梁

生头木（枕头木）

橑檐枋

阑额（额枋）

柱头铺作（柱头科）　　补间铺作（平身科）　　转角铺作（角科）

檐柱　　　　　　　　　　　　　　　　　　角柱

图 25　木建筑构件（潘谷西《中国建筑史》）

2. 木建筑构件种类

（1）柱：直立承受上部重量的构件。按外形分为直柱、梭柱，截面多为圆形。按所在位置有不同名称：在房屋最外圈的柱子为外檐柱；外檐柱以内的称屋内柱（金柱）；转角处的称角柱等。柱有侧脚，即向中心倾斜；有生起，即自中间柱向角柱逐渐加高。

（2）额枋：包括阑额（大额枋）、由额（小额枋或由额垫板）、普拍枋（平板枋）、屋内额、地伏、绰幕（后演化为雀替）等，是连接柱头或柱脚的水平构件。

（3）梁：承受屋顶重量的主要水平构件，上一梁较下一梁短，层层相叠，构成屋架，最下一梁置于柱头上或与铺作组合。梁按长短命名：长一椽的（一步架）称搭牵（单步梁），长两椽的称乳伏（双步梁），长四椽的称四椽伏（五架梁），依此类推，长八椽的称八椽伏（九架梁），最上一梁称平梁（三架梁），梁上立蜀柱（脊瓜柱）承脊椽（脊桁）。显露的或在平暗（天花）以下的梁称明伏。明伏按外形分为直梁、月梁，直梁四面平直；月梁经过艺术加工，形弯如弓。隐蔽在平暗以上的梁，表面不必加工，称为草伏。四阿（庑殿）屋顶和厦两头（歇山）屋顶两侧面所用垂直于主梁的梁称丁伏（顺梁或扒梁）。在最下一梁之下安于两柱之间与梁平行的枋，称顺伏串（跨空随梁枋）。明清时又有紧贴梁下的枋，称随梁枋。

（4）蜀柱、驼峰托脚、叉手等：各架梁之间的构件。早期建筑，梁上安矮柱、驼峰或敦添，上安斗、襻间，承托上一梁首，又在梁首斜安托脚，斜托上架椽（檩）。平梁上安蜀柱、叉手。蜀柱头也安斗，用襻间，承脊椽，柱脚用合沓（角背）。叉手原是立在平梁上，顶部相抵成人字形的一对斜撑，承托脊椽，通用于汉代至唐代。晚唐五代起改用蜀柱承椽，叉手成为托在两侧加强稳定的构件，作用近于托脚。明清官式建筑梁上均用短柱，按所在位置称上金瓜柱、下金瓜柱、脊瓜柱等。柱下各用角背，并不用托脚、叉手。当庑殿推山加长脊椽时，在椽头下另加一道平梁，称太平梁，梁上立一柱称雷公柱。

（5）替木：与椽、枋平行，用于两构件对接的接口之下，以增加连接的强度，并产生缩短跨距的作用。替木在唐宋时期是必用的，明清官式建筑上已不采用。

（6）椽和襻间：椽是承载椽子并连接横向梁架的纵向构件。截面圆形的称椽（檩或桁），矩形的称承椽枋。其长度即是各间的间广（另加出榫），如遇出际（山面挑出），则另增挑出长度。至房角则于椽背上另加三角形生头木，使屋面纵向微呈曲线，与柱子柱脚生起的弧度相对应。襻间用于椽下，是联系各梁架的重要构件，以加强结构的整体性，有单材、两材、实拍等组合形式。明清时期檩下只用垫板、枋，合称一檩三件，废除替木、襻间。柱头或内柱柱身间，用枋与椽平行，称顺脊串。明清只用于金柱间，名为中槛。

（7）阳马（角梁）：用于四阿（庑殿）屋顶、厦两头（歇山）屋顶转角45°线上，安在各架椽正侧两面交点上。最下用大角梁（老角梁）、子角梁承受翼角椽尾。子角梁上，逐架用隐角梁（由戗）接续。用于四阿（庑殿）的，至脊椽止；用于厦两头（歇山）的，至中平暗止。

（8）椽、飞子（飞檐椽）：椽子截面圆形，首尾钉在上下两椽上。每一条水平长度即椽的间距，称为一椽或一架、一步架，如用飞檐，即在檐椽上钉截面矩形的飞子。

（9）斗拱：在柱子的上部、屋檐之下用若干方形的小斗和若干弓形拱层纵横穿插装配的组合构建。斗拱既有结构上的作用，用以承托伸出的屋檐，将屋顶的重量直接或间接转移到木柱上；同时还具有装饰作用。

（10）昂：是中国古代建筑中一种独特的结构——斗拱结构中的一种木质构件，是斗拱中斜置的构件，起杠杆作用，利用内部屋顶结构的重量平衡挑出部分屋顶的重量。昂有上昂和下昂之分，其中以下昂使用为多。上昂仅作用于室内、平坐斗拱或斗拱里跳之上。

（11）阁楼：位于顶层天花板和屋顶之间，也称为屋顶空间。

（12）阳台：从建筑物墙面伸出的悬挑或被支撑的座或平台，由扶手或栏杆围绕。阳台下部区域通常不封闭。

（13）平台（露台）：一种与住宅相连的太高的无顶平台。当低于居住空间时，通常构件之间留有间隙，可排水；若高于居住空间时，须彻底做好防水，并直接排出建筑物。

第五节　木构件的艺术加工

本节彩图
请扫码

1. 斗拱　斗拱一向被人们认为是一种既典型，又具有充分表现力的中国传统建筑的有机单元。中国建筑艺术的主要特征，无论从单体构件到整体系统，不仅仅是结构上的受力合理，更重要的是它们有着无与伦比的艺术魅力。斗拱是一种建筑构件，也是一种艺术，更是一种美（图26～图29）。有着数千年历史，经过人们不断加工完善的斗拱，是中国古典建筑体系中高度艺术化的系统，具有非常明显的艺术特性。

（1）攒：一组斗拱也称一攒斗拱，宋代称一朵斗拱。一攒斗拱的组成是由斗、升、翘、昂、拱等构成。

最简单的一攒平身科斗拱是一斗三升斗拱，只有大斗、正心拱、三才升3件，总计5个构件。较复杂的一攒平身科斗拱，如重翘重昂九踩斗拱，这一攒斗拱共有升、斗、拱、翘、昂总计64件，可见其繁简的差别。建筑物中使用的斗拱繁简，视建筑等级而定。

（2）攒当：两攒当斗拱之间的轴线距离称攒当。清代工部《工程做法》中定攒当为十一斗口。在实际运用中，根据斗拱的繁简程度，攒当距离可适当调整，十一斗口不是绝对值。

（3）斗口：在大斗上有十字形的卯口，以承瓜拱和翘昂，承受翘昂的口的宽度，就是斗口。在有斗拱的建筑中，斗口是权衡各部件尺寸的基本单位。

（4）踩：踩的异体字是跐。以正心拱为中心向外或向里每加出一排拱，就叫一踩。前后各加出一踩的，称为三踩斗拱，各加出两踩的，称为五踩斗拱，以此类推，可多加至九踩、十一踩等。建筑的等级地位可以从使用斗拱的踩数来推断，踩数越多，建筑等级越高，如故宫内的太和殿，是故宫内最高等级的建筑，下层檐采用单翘重昂七踩斗拱，上层檐采用单翘三昂九踩斗拱。

（5）拽架：拽架是指在一攒斗拱内，拱与拱之间的水平轴线距离，在清代工部《工程做法》中规定每个拽架间距为3斗口。

2. 檩与枋　中国传统建筑中，檩和枋是纵向联系的构件，檩条直接承受屋面上的荷载，枋是纵向连接和稳定梁架结构的构件，同时和檩条一起共同承担屋面荷载，与梁的受力形式是相同的。传统建筑的屋面多会有坡度，而且坡度因建筑而不同，要想使得屋面椽条和檩有更有效的搭接，檩条的断面做成圆形是最为有效的方式，而且可以带来施工和加工的便利。传统建筑多在梁架施以各种彩画，但是在圆形的檩条上很难进行，而且极易脱落，但檩条与枋之间的垫板很好地完成了这个任务，同时垫板的增加使得整个檩、垫板、枋的横断面成为一个工字形，其抗弯模量与现代材料中的工字梁截面相似。垫板巧妙地将圆形檩和方形的枋组合起来，形成较大的横断面，利用组合形成的力学性能，使之物尽其用，实现了结构与艺术性的统一。

3. 月梁　月梁就是外形接近新月形的梁，月梁的这种形状主要是通过卷杀的方法制成的（图30）。梁的上部略鼓下部略凹，梁头的上部削制成弧形，整体的形状非常

图 26	图 29
图 27	图 30
图 28	

图 26　斗拱（1）
图 27　斗拱（2）
图 28　斗拱（3）
图 29　斗拱（4）
图 30　月梁

图 31　脊

优美柔和，有些月梁的表面还雕刻或绘制有各种装饰图案，所以月梁可谓是功能性与装饰性俱佳的一种建筑木构件。

4. **脊**　脊包括正脊和垂脊两种（图 31）。

（1）正脊是位于脊檩上的水平屋脊，是屋顶正立面上最高的建筑构件，也是边际线，因此也是结构和艺术处理的重点。正脊的脊部由筒瓦覆盖，没有渗漏之虑，但是在正脊的两端就需要有特殊的处理进行遮盖，在西安唐大明宫重玄门遗址中出土过这种脊头瓦（又称鬼瓦，在现今日本较流行），到了唐代就变成"鸱尾"，宋代《营造法式》中出现了关于鸱尾之制的记载，体量大的建筑鸱尾可达两米以上，可见对于大体量的建筑来说，局部和整体之间的比例协调问题，处理起来也并非易事。

（2）垂脊分为两端，以垂兽为界，兽后的垂脊安装在由戗上，兽前的垂脊安装在翼角构造的子角梁上。戗脊上安装有一排仙人走兽。垂兽的位置刚好在正面与侧面正心桁相交的地方，内有铁钉，一方面防止瓦件下滑，另一方面可以加固屋脊相交的结合部位。因此，垂兽的位置既反映了力学结构上的要求，又考虑到了造型艺术的处理。

5. **梁枋**　梁是屋架中的一种横跨构件，枋也是一种构件，它是木构建筑主要设于檐柱之间的一种联系性构件，因其多位于檐部，又称额枋（图 32）。

6. **雀替**　雀替是梁枋与柱交接处的托座，其功用在于增加梁端剪力，且使梁枋跨距减少，后来建造形式不断丰富，且趋向装饰效果（图 33）。

7. **博风**　博风指山墙的侧面（即建筑的正立面方向）在连檐与拔檐砖间嵌放两块雕刻花纹或人物的戗檐砖，也称为墀头（图 34）。

8. **藻井**　藻井是高级的天花，一般用在殿堂明间的正中，如帝王御座、神佛像座上，形式有方形、矩形、八角形、圆形等（图 35）。

9. **瓦当**　瓦当俗称瓦头，一般指简瓦顶端下垂的构件部分，其基本造型为圆形或半圆形（图 36）。

10. **匾额、对联**　匾额和对联是中国古典建筑独特的艺术构件（图 37）。

11. **槅扇、门窗**　槅扇多用在较大或较为重要的建筑上。槅门、槛窗都做成槅扇式样，可打开。横坡是固定的窗扇；槅扇的支摘窗式多用在住宅和较为次要的建筑上。支摘窗分为里外两层，里层下段多装玻璃，外层上段可以支起，下段固定（图 38）。

12. **罩**　罩是分隔室内空间的装修，指在柱子之间做上各种形式的木花格或雕刻，使得两边的空间既连通又分割，常用在较大的住宅或殿堂中（图 39）。

13. **彩画**　木构表面施油漆彩画，既保护了木材，又起到很好的装饰作用。清代彩画的造型与分类主要表现在梁枋上，常用的有和玺、旋子、苏式三大类（图 40）。

图 32	
图 33	图 35
图 34	图 36
图 37	

第三章 现代木结构建筑艺术

第一节 现代木结构的分类及材料

1. 现代木结构建筑的定义及分类 现代木结构是用工程木材，经过现代化的工业手段和先进技术，加工成适合于建筑用的梁、柱等部品部件，以此建造的建筑结构分类如下。

（1）按照制作材料及连接方式分为：传统木结构建筑和现代木结构建筑。

（2）按照承重结构分为：横墙承重、屋架承重和梁架承重。

（3）按照结构形式分为：轻型木结构建筑、重型木结构建筑（包括胶合木结构建筑和井干式木结构建筑）。

2. 木结构建筑材料 木结构建筑用主要木质材料包括实木类建筑材料、单板层积类木质建筑材料、碎料重组类木质建筑材料、木基复合类建筑材料、预制（预组装）类木质建筑材料、声热功能类木质建筑材料、竹类建筑材料等。

（1）实木类建筑材料：主要包括规格化锯材、集成材、指接材。

1）规格化锯材是一种通过锯割，将原木加工成各种规格、各种尺寸精度的最常用或最多用的木质材料。规格化锯材是构成轻型木结构房屋墙体、楼盖、桁架等构件的主要建筑材料之一。

2）集成材也称胶合木，是将规格材指接成需要长度的长材，然后进行工程化设计，根据实际使用尺寸及力学要求，胶合而成的木结构材料，多用于木结构梁、柱子等构件。

3）指接材是将短板方材的端部顺纤维方向铣削成指状齿，用胶合剂胶接成的长材。

（2）单板层积类木质建筑材料：单板层积类材料是将厚度为1～3mm、去除了大节子等危害性缺陷的旋切单板层叠胶合而成的板材或方材。根据相邻单板纹理的排列方向，该类材料可以区分为垂直交错纹理的胶合板和平行纹理的单板层积材；为了满足某些性能的要求，后者也会有少数单板的纹理垂直交错排列。

近年来，为了适应现代木结构建筑艺术性的追求，圆形木柱使用较多，出现了据单板层积原理而形成的空心或实心圆筒形层级材。虽然是圆筒形，但却不看作管材，而从材料力学角度将其视为圆柱形型材，这类圆柱形型材具有十分优良的柱材性能。

（3）碎料重组类木质建筑材料：主要包括定向刨花板、刨花层积材、定向刨花层积材、重组材和单板条层积材。

1）定向刨花板是应用扁平窄长刨花，施加胶黏剂和其他添加剂，铺装时刨花在同一层按同一方向排列成型，再热压而成的板材。

2）刨花层积材是由长细比较大的薄平刨花沿构件长度方向层积组坯胶合而成的结构用木质复合材。刨花厚度不小于2.54mm，宽度不小于厚度，长度不小于380mm。

3）定向刨花层积材是由长细比大的薄平刨花沿构件长度方向层积组坯胶合而成的结构用木质复合材。刨花厚度不小于2.54mm，宽度不小于厚度，长度不小于190mm。

4）重组材是通过外力作用将木材或竹材碾压成纤维束，再施加结构胶重新加压胶合而成的木质材料。

5）单板条层积材是由单板条沿构件长度方向顺纹层积组坯胶合而成的结构用木质复合材。单板条截面最小尺寸不小于6.4mm，长度不小于截面最小尺寸的150倍。

（4）木基复合类建筑材料：主要包括木塑复合材料、增强木基复合材料、木基水泥或石膏复合材料。

1）木塑复合材料是将废弃的热固性塑料破碎成颗粒后与木基刨花或纤维复合通过挤压或模压而成的复合材料。

2）增强木基复合材料是将金属、天然纤维材料与木基材料复合，通过加强表层材料的抗拉、抗压性能而制备的复合材料。

3）木基水泥或石膏复合材料是利用水泥、石膏的可凝性，将水泥、石膏与木材复合而成的水泥或石膏刨花板或纤维板。

（5）预制（预组装）类木质建筑材料：主要包括工字型木格栅、组合梁、预制型木桁架、预切割木构件和装配式预制房屋。

1）工字型木格栅截面类似大写字母I，主要起对木结构结构板的支撑作用。

2）组合梁是通过钉子螺栓连接的，由较小的方材组合而成的大型构件。

3）预制型木桁架是一种用金属弦杆、金属齿板等将规格材等连接成三角形、梯形或多边形的，预先在工厂制造、组装好的木结构建筑承重性木质构件，具有轻质、跨度适应性强的特点。

4）预切割木构件是一些在专业工厂内按设计图样制造的、带有榫口、卯眼或孔的柱、梁、椽、板、扣等木结构建筑用实木零件，十分便于木结构建筑的现场使用。

5）除了预制构件外，还有工厂预制生产的整栋房屋，预制房屋分为活动房和固定房两种，前者为了适应频繁的迁移，多以可拆装的部件组成，后者则是为了进一步缩短施工工期速度和适应不很频繁的移动，常以可单独使用或可组合成套房的单房形式出现。

（6）声热功能类木质建筑材料：现代木结构建筑除了需要上述各种结构性木质建筑材料外，还需要具有保温、吸声隔热等功能的木质建筑材料。根据物理原理、隔热保温、吸声或隔声等条件，一般为多孔性或中空性材料，如软木、木丝板、软质纤维板、穿孔胶合板或蜂窝夹层板和结构保温复合板。结构保温复合板是由两层结构木质板材和黏结于中间层的芯材形成的共同作用的复合结构板，其中芯材分为硬质、轻质、均质，是具有一定剪切强度的热惰性材料。

（7）竹质建筑材料：借助现代木质材料的基本加工方法，结合竹材特性的特别加工方法，可以将竹材加工成类似于木材那样的各种建筑材料。比如，将竹子加工成等厚竹壁板块、竹帘、竹席和竹筒，甚至圆竹、整竹利用；可以将竹帘、竹席加工成竹胶合板、竹席胶合板、竹帘胶合板、竹材定向刨花板、竹条定向层积材和竹材重组材以及竹木复合结构等竹质建筑材料。

第二节 重型木结构的艺术

重型木结构是指承重构件采用较大尺寸或断面方木、原木以及工程木产品制作的梁、柱的木框架，墙体采用木骨架等组合材料的建筑结构，其承载系统由梁和柱构成，是一种大跨度梁柱承重结构，可以建造单层或多层木结构。重型木结构因为其外露的木材特性，充分体现了木材天然的色泽和美丽的花纹，被广泛用于一些有高档、环保追求的建筑中。

重型木结构的分类：从材料种类上分为木质重型木结构、竹制重型木结构、混合重型木结构、正交胶合木结构；从建筑风格上分为传统重型木结构、胶合重型木结构。

重型木结构材料界面尺寸大、建筑跨度大、防火性能优越，因此适合大建筑空间，比如休闲会所、学校、体育馆、图书馆、展览厅、会议厅、餐厅、教堂、机场、火车站、走道门廊、桥梁、户外景观设施、住宅等。

重型木结构建筑有以下六大特点。

（1）重型木结构风格多样，材料种类多，体现了天然木材的色泽和美丽的纹理，规范整齐的外观给人以原始、自然、醇厚、典雅之感，同时造型设计灵活多变，内部功能分区合理，配置齐全。

（2）重型木结构稳定性好，经久耐用，防腐、防火、防潮、抗震性能佳，对抵抗地震、火灾等自然灾害优势明显。

（3）重型木结构施工期短，工期仅为传统房屋的1/2，安装省工、省时，施工现场简洁、干净。

（4）重型木结构建筑健康舒适性好，由于木材特殊的空隙结构和侵填体，因此木材具有湿度、气味调节作用，可缓解室内居住者的压力，改善室内空气质量，同时具有透气性强、保温性好的优点。

（5）重型木结构建筑使用可循环的木材作为主要材料，使用可持续管理森林的木材来制造重型木构件可以成为缓解气候变化的一大利器。木材本身就是天然的隔热材料，节能环保；木材是可再生资源，体现了亲近自然、低碳环保、生态节能的宗旨。

（6）重型木结构建筑采用暴露在外的重型木构件，例如胶合梁柱以及墙体、木饰面墙板，承担了结构和美学的双重功能，大大节约了室内装修成本。

胶合木结构是指由胶合木承重构件或胶合木构件组成的承重结构。胶合木结构是重型木结构建筑中的一种，建造形式包括梁柱式、井干式以及正交胶合木建造的中高层、高层建筑。

随着正交胶合木的产生，木材高层建筑不断出现。2019年，挪威奥斯陆建造了一座高90米的18层建筑，由约3500立方米木材建造。

重型木结构建筑正在不断兴起，不管是数量还是高度都在逐渐增加。随着一些国家和城市对重型木结构相关建筑规范的升级和出台，未来人们将看到更多造型独特、形式多样、类型综合的重型木结构，感受其中的艺术。

第三节　轻型木结构的艺术

现代轻型木结构建筑是一种由锚固在条形砖混或水泥基础上的承重性木质框架墙，承重性木质梁、桁架、格栅和檩条，木质楼盖和屋盖，木质剪力墙和辅助支撑系统所构成的建筑物。

轻型木结构是指用规格材、木基结构板材或石膏板制作的木构架墙体、楼盖和屋盖系统构成的单层或多层建筑结构。轻型木结构建筑具有突出的技术特点：产品、构件工业化程度高，规格系列齐全，施工技术简单，质量易于控制，现场干法施工，建造速度快，结构整体性好，抗震性能优良，建筑造型容易实施，建筑效果丰富多样。

木材为绝热体，在同样厚度的条件下，木材的隔热值比标准混凝土高 16 倍，比钢材高 400 倍，比铝材高 1600 倍。因此木结构建筑好像一座天然的空气调节器，工作和生活在木结构建筑里，冬暖夏凉，十分舒适。

木材是可再生资源，是纯粹的天然材料，在木结构建筑的材料生产方面，其能源消耗、原材料消耗、二氧化碳释放、水污染方面都是最低的。木结构材料的优点如下：

1. 施工期短　木结构建筑的施工期大约是传统结构的 1/2，为开发商提供了最快的资金回笼时间；传统建筑结构是毛坯房，需要装修，轻型木结构完工时是精装修的，马上可以入住使用，重型木结构（胶合木）可以将结构和装修相结合，展现建筑设计的美感与木结构的独特气质。

2. 设计灵活　木结构建筑在设计方面更灵活，改变结构简便，不必拘泥于传统建筑的许多限制条件，从而为适应市场要求提供了极大方便。

3. 低传导性　木材是很好的电绝缘体，有低传导性，其保温和御寒性能均很好，相比之下，木结构比钢结构的保温性能好 15%～70%（最低值与最高值），可以为消费者节省空调的电费或煤气费，对开发商来说，这是非常好的卖点。

4. 不怕火灾　木材具炭化效应，木材截面尺寸较大，遇火灾时，木表面会形成炭化层，其低传导性可有效阻止火焰向内蔓延，从而保证整个结构体在很长时间内不受破坏。而钢结构的极佳热传导性会导致整个钢结构迅速升温、软化、掉落。

5. 无水凝结性　在四季分明或冷热温差大的地区，钢结构会因内外温差原因产生冷凝汽，从而水腐蚀其他保温层等材料，久而久之，会对整个结构体产生不良影响，这也是美国、日本等发达国家少采用钢结构做居住房屋的原因之一；而木结构则不存在这个隐患。木结构本身的平衡性优于其他结构，木材在经过处理后物理性质稳定，不会轻易发生变形或化学反应。

6. 抗震性最佳　木结构在世界多次大地震中已充分显示了绝佳的抗震性。木结构由于自身重量轻，吸收的地震能量也相对较少，楼板和墙体体系组成的空间箱型结构使构件之间能相互作用，所以在地震时大多纹丝不动，或整体稍有变形却不会散架，具有较强的抵抗重力、风和地震破坏的能力。钢结构的韧性及对地震的抵抗能力无法与木结构相比。尽管木结构建筑有一定的抗震特性，但它受高度限制，现代建筑越建越高，一般超过 100 米时，多用钢结构。

7. 清洁安全的施工　　与钢结构相比，木结构的施工期短，施工干净简单，无污水、铁屑等废料，无大的噪声，无电焊作业，比较安全。

8. 绿色环保，最舒适的建筑　　木结构房屋在建造过程中不污染环境，在居住时木结构房屋的天然亲和力有益于居住者的健康，这是其他结构房屋无法比拟的。

第四节　井干式木结构艺术

井干式木结构体系是以圆形、矩形或八角形构件，平行向上层层叠置、转角处交叉和咬合形成围护墙体，楼面、屋面荷载通过墙体传递到基础之上。

井干式建筑多见于一种古老的民居，早在原始社会时期就有应用。因为建筑时需要大量的木材，所以井干式建筑一般存在于林区茂密的地方。中国的云南、四川、内蒙古和东北三省都有分布，其中现存于中国东北的井干式建筑多为吉林长白山一带的满族和朝鲜族民居以及黑龙江大兴安岭一带的鄂伦春族民居。在这些地方，井干式有一个特别的名字"木克楞"。"木克楞"意为用圆木凿刻垒垛造屋，以圆木（或砍成扁圆形、半圆形等）直角交搭，层层交叠，如同上下门牙咬合一样，又称"霸王圈"，意喻非常牢固。

优点：冬暖夏凉，适合山区气候变化大的环境，且具有抗震防灾的功能。它可以在山坡上就势建造，一个村寨里房屋连成一片，空间布局和谐完美，错落有致。构造外墙的圆木，上下削平，每条圆木贴得紧，既防风又防寒。井干的圆木伸出的交头有长有短，不呆板，如同绘画，表现出写意的手法，风格豪放。用圆木做外壁，可以做得坚固耐久，可以把房屋建成方形、矩形、条形、曲尺形。这种房屋有带外廊的，带门廊的，而且用料简单，施工简捷，居住安全。

缺点：井干式结构需用大量木材，在绝对尺度和开设门窗上都受很大限制，因此通用程度不如抬梁式构架和穿斗式构架。中国目前只在东北林区、西南山区尚有个别使用这种结构建造的房屋。因受木材长度限制之故，通常面阔和进深较小。

第五节　园林景观木结构的艺术

本节彩图
请扫码

木材是树木在自然界中天然生长形成的一种绿色材料，是森林生态系统中储量巨大的生物质，拥有强重比高、绝缘性好、易于加工、可智能调温调湿等诸多优良品质；同时由于其是可再生的生态环境材料，故与国民经济建设和人类生活息息相关，对于营造美好的室内外居住环境起着关键性作用。

由于木材取自天然，有较强的弹性和韧性，又有天然的纹理和温暖的视觉及触觉感受，所以用木材建造的建筑和景观小品等可以更好与周围的自然环境协调，更能在城市景观建造中体现木结构的结构性能、材料来源、环境效益以及建造技术方面的众多优势，许多国家已经广泛地使用了这种材料。

园林建筑多以亭、台、楼、阁等景观为建造主体，木结构建筑物和构筑物在园林景观中有着大量的应用。无论从木结构景观建筑如亭子、木平台、木围栏、栈道、木质桥梁、廊道，还是木结构构件都体现了木质园林景观的艺术性，使园林景观具有更明显的多样性。木结构的可塑性非常强，在园林景观设计中，通过对木质结构的设计可以加工出造型多样的景观建筑。园林生态景观应用中木构架的结构体系主要有抬梁式、穿斗式，局部采用三角形稳定构架、斗拱等。木结构建筑在园林生态景观中的应用，不仅是可供使用的建筑实体，更成为一座座人文景观，焕发着历史神韵又不失现代气息。

1. 园林景观木结构的定义　　园林景观建筑是中国建筑最重要的组成部分。园林不同于宫殿、长城、庙宇、桥梁，它有自身的一些特色。中国园林石求奇，廊求回，水求曲，路求幽，假山叠嶂，奇花异木，四季更迭。

2. 园林景观木结构的特点　　园林景观工程在我国拥有着非常悠久的工艺历史，随着休闲地产及木结构建筑的发展，随着人民审美水平的不断提高，当今园林景观工艺也不断得到发展，园林景观木结构在当代风景景观中被越来越多地利用，比如田园风格的南方松六角亭、仿古风格的炭化木四角亭、休闲木屋、咖啡小屋、葡萄架、花箱、亲水平台、码头等。

3. 园林木结构的艺术加工

（1）园林景观木结构构件及分类。

1）木平台：在坡度较大的地方，木平台可在最少影响和改变环境的前提下为人们提供一处可停留的空间，同时由于木材的天然品质又使其更易与自然环境相融合统一（图41、图42）。

2）围栏：围栏的设计首先要考虑布局的设计，若是用于限定边界的，在退让红线以及高度上应符合规范要求；其次，如何在满足功能的前提下具有美的形式，以及基地地形、风向和预算都是需要考虑的要素（图43）。当围栏处于坡地上，可采用围栏与地形平行或随地形起伏，或使柱以及柱间栏板呈阶梯下降。前者会因为对矩形栏杆的切削造成一定浪费，后者则需要基地的坡度基本一致。

3）挡土墙：当土壤的倾斜度超过其自然安息角时便难以稳固，需要建造挡土墙来固着土壤。木材用于挡土墙起源于早期人们使用铁路的枕木建造各种墙体来固定土壤，现在多改用经过处理的防腐木。通常自重较大的材料较适合建造挡土墙，而木材质轻，水分和生物都会对其产生明显的影响，但木材在国外常用于居住区的挡土墙建造。如果挡土墙的高度超过1米，或处于易膨胀的土壤或潮湿温暖的气候条件下，则不适宜使用木质挡土墙。

4）驳岸：园林中的水体需要稳定、美观的水岸，因此需要建造驳岸，避免由于冻胀、浮托、风浪淘刷或超重荷载等作用对岸线的破坏。驳岸可分为湖底以下的地基部分，常水位至湖底部分，常水位至最高水位部分和不受淹没的部分。在传统的水工做法中，常以柏木桩作为驳岸的基础，称为桩基。桩基直到现代仍为广泛使用的水工地基做法，尤其在地基表面为不太厚的软土层而下层为坚实的土层的情况下最宜使用桩基。桩的作用是通过桩尖把上面的荷载传到湖底，或借木桩侧表面与泥土的摩擦力将荷载传给周围的土层，以达到控制沉降和不均匀沉降的目的。桩木一般选择坚固、耐湿的木材。一般使用直径大于13cm的柏木桩，打入泥土，桩距是桩径的一倍，柱顶加石砌的石板或条石。一般作为基础的木桩应低于最低水位线，以避免由于干湿变化强烈而导致木材的腐烂。

5）花架：用作花架的材料多种多样，对纯木质或木材与其他材料结合的花架形式而言，材料的选择应根据所承载的植物的生理特征选择适宜的材料。木材虽具有较好的弹性和较轻的自重，但对于像紫藤这样重量较大、寿命较长的植物则不太适宜；钢材具有比木材更轻的自重和更高的强度，但在强光下容易伤害植物的叶片和枝条；石材具有很强的抗压性，但受拉时却极易破坏。因此，可将木材优良的抗拉性能与钢材和石材相结合，"扬长避短"创造合理优美的花架形式（图44）。

6）木亭、木廊、木屋：木建筑是园林中十分重要的设计元素，它的形式多样，不同文化风格的影响使其带有鲜明的地域特征（图45～图48）。中国古亭以粗大的柱子、起翘的飞檐和多变的屋顶形式以及华丽的彩绘为特征。而在日本，茶室建筑则较为朴素、雅致，多使用天然原木和只经粗略加工的木质材料，配合白色的石膏墙，以材料的天然丽质为设计表达的主题。在十八世纪，亭子随瓷器出口逐渐被西方人熟知，各种富有想象力、造型奇特的建筑出现在花园和公园中。受不同国家建筑文化和气候的影响，亭、廊建筑发展出很多的形式和华丽的装饰；后受对抗工业化的园林和维多利亚时代的华丽装饰"回归自然"运动的影响，设计师们将目光转向天然的材料——原木的柱子、木格栅的屋顶，其连接以木钉和榫卯连接为主。

目前小型的木建筑在园林建筑中依然较为常见，受传统风格和现代主义的共同影响，木建筑摆脱了华丽的装饰和繁杂的屋顶变化，以简洁的造型来突出结构和材质的天然之美。

7）木桥：木材具有很多适合建桥的优点，如很高的单位承载力、很好的能量吸收性能和抗结冰性（图49）。木桥可以有小跨度和中等跨度，供车行或人行。使用胶合、压合木材并结合科学的结构设计和防腐处理的木桥具有经济、易建造、寿命长等优点。

8）木质小品：木材温暖柔和的质感和易于加工的特点，使其在园林的户外用具的建造材料上占有很大的比重，随着人们对于园林艺术的需求日益丰富，木材的应用范围也不断拓展，人们手触、身倚、坐卧等用具的表面材料也多使用木材（图50）。

近几年，具备防腐、防裂、防蛀特性的防腐木材逐渐得到了广泛应用，特别是北京奥运会召开以后，国内建筑界兴起了一股使用防腐木材作为绿色建材的潮流。用防腐木材制成的木制小桥、木亭台、木楼阁、水边木栈道、木围栏、户外座椅等在公园、居民小区等城市景观场所随处可见，点缀城市建设，让人们实现了回归大自然的梦想。

（2）凉亭建筑的艺术加工。

1）亭子的下架："檐枋"形成整体框架，"花梁头"承接檐檩花梁头之间填以垫板，安装吊挂楣子和坐凳楣子，形成亭子的下架。

2）亭子的上架：在花梁头上安置搭交"檐檩"，形成圈梁作用。檐檩之上设置"井字梁"或"抹角梁"，梁上安置枓墩用来承接搭交金檩，形成屋顶结构的第二层圈梁。

3）凉亭建筑的屋面：凉亭建筑的屋面一般为攒尖顶，多边形的凉亭除屋面瓦外，

图 41	
图 42	
图 43	图 44

图 41　秋岭公园木平台（1）
图 42　秋岭公园木平台（2）
图 43　草原丝绸之路公园木围栏
图 44　木质花架

	图 45
图 46	
	图 47

图 45　秋岭公园木亭（1）
图 46　秋岭公园木亭（2）
图 47　草原丝绸之路公园木廊

图 48

图 49

图 50

图 48　秋岭公园木屋
图 49　木桥
图 50　草原丝绸之路木质小品

只有垂脊和宝顶；而圆形凉亭只有屋面瓦和宝顶。大式建筑多使用筒板瓦屋面，小式建筑多使用蝴蝶瓦屋面。但在实际应用中，人们有时将小规模的悬山、庑殿和歇山等建筑，建成无围护结构的透空型凉亭。

4）凉亭建筑的平面柱网设计：园林建筑中的凉亭，其平面柱网一般按正规平面几何形状进行布置，分为独立形平面和组合形平面两大类。

Ⅰ独立形凉亭平面的柱网：在园林建筑中用得最多，常用的形式有正多边（三、四、五、六、八、九边）形、矩形、圆形、扇形等。

Ⅱ组合形凉亭的平面柱网：组合亭的柱网仍按照独立亭的基本柱网进行布置，无论组拼成何种形式，均必须要保持在两个独立亭中，有两根以上的柱子相互对称或重合，以保证在整个木构架中，便于梁枋连接的整体性。

5）凉亭建筑的木构架设计：单檐亭的木构架可以分为下架、上架、角梁三部分。以檐檩为界，檐檩以下部分为下架，檐檩本身及其以上部分为上架，转角部位为角梁。

Ⅰ单檐亭的下架结构：单檐亭下架是一种柱枋结构的框架，主要构件是立柱、横枋、花梁头和檐垫板等。

A．立柱：凉亭立柱又称为"檐柱"，是整个构架的承重构件。一般清代大型建筑的柱高按60斗口，柱径5～6斗口（一等材斗口6寸）。

B．横枋：它是将檐柱连接成整体框架的木构件，清制在一般建筑中均称为"檐枋"，为了区别，对重檐建筑下架的檐枋称为"额枋"，对上架的檐枋称为"檐枋"。多边亭横枋尽端做成箍头形式，其中大额枋一般采用霸王拳形式箍头，小额枋常采用三叉头形式箍头。圆形亭横枋为弧形，做凸凹榫相互连接，与柱作燕尾榫连接。

C．花梁头：它是搁置檐檩的承托构件，高约4斗口或0.8柱径，宽为1柱径，长约3倍宽。两边做凹槽接插垫板，底面做卯口承插柱顶凸榫。

D．檐垫板：它是填补檐檩与檐枋之间空挡的遮挡板，高4斗口或0.8柱径，厚1斗口或0.25柱径。

Ⅱ单檐亭的上架结构：一般由檐檩、井字梁或抹角梁、金枋和金檩、太平梁和雷公柱等四层木构件垒叠而成。

A．檐檩：檐檩是攒尖顶木构架中最底层的承重构件，它按亭子的平面形状分边制作，然后在柱顶位置相互搭交在花梁头的凹槽上。

B．井字梁或抹角梁：井字梁是搁置在檐檩上，承托其上金檩的承托构件，一般用于四、六、八边形和圆形的亭子上，因为梁的两端一般做成阶梯榫趴置在檩的榫卯上，故又称为"井字趴梁"。井字梁由长短二梁组成，长梁趴在檐檩上，短梁趴在长梁上。

抹角梁是斜跨转角趴置在檩上的承托梁，故又称为"抹角趴梁"，一般用于单檐四边亭和其他重檐亭上。

C．金枋和金檩：金枋在这里是对金檩起垫衬作用的枋木，因为金檩一般不直接搁置在井字梁或抹角梁上，它的下面要垫有托墩或瓜柱，枋木可用来兼替托墩和垫板，但有些亭子屋面做得比较陡峻时，仍需采用托墩和垫板。金檩是与檐檩共同承担屋面椽子，形成屋顶形状的承托构件，金檩的构造与截面尺寸同檐檩，只是长度要较檐檩长度短，金檩和檐檩的标高之差按举架计算。

D. 太平梁和雷公柱：雷公柱是支撑宝顶并形成屋面攒尖的柱子，只需靠每个方向上的角梁延伸构件"由戗"支撑住，由于悬空垂立着，故又称为"雷公垂柱"。当宝顶构件比较重大时，雷公柱应落脚于太平梁上。太平梁是承托雷公柱，保证其安全太平的横梁，一般用于宝顶构件重量比较大的亭子上，若宝顶构件比较轻时，可不用此构件。

6）亭子的角梁和椽子。

A. 亭子的角梁是多角亭形成屋面转角的基本构件。对于角梁的制作，我国北方地区多按清制官式做法，南方地区常按"营造法原"民间做法。圆形亭因为无角，故没有角梁，只有由戗用来支撑雷公柱。

B. 椽子是屋面基层的承托构件，屋面基层由椽子、望板、飞椽、压飞望板等铺叠而成。在屋面檐口部位还有小连檐木、大连檐木、瓦口木等。其中椽子根据所处步架位置有不同的名称，处在脊步的称"脑椽"；处在檐步的称"檐椽"；处在脊步与檐步之间的称"花架椽"。在檐椽之上还安装一层起翘椽子，称为"飞椽"。南方地区发戗做法的飞椽，是由正身飞椽逐渐向嫩戗方向斜立，然后用"压飞望板"连成整体。

7）凉亭建筑的屋面构造设计：由苫背、瓦面、屋脊和宝顶等四大部分组成。

（3）凉亭建筑的屋面木基层艺术加工。

1）亭子建筑屋面木基层的构造，包括椽子、望板、飞椽、连檐木、瓦口等。

Ⅰ椽子：它是搁置在檩（博）木上用来承托望板的条木，在亭子建筑中有圆形截面，也有方形截面。清制椽子长度按檩间距离，椽径大式为 1.5 斗口，小式按 0.33 檐柱径，椽档（椽子间距）按 1.5 椽径。

Ⅱ望板：它是铺钉在椽子上，用来承托屋面瓦作的木板。一般横铺在椽子上，清制板厚为 0.3 斗口（直铺为 0.5 斗口）。

Ⅲ飞椽：它是铺钉在望板上，楔尾形的檐口椽子，与檐椽配对，多为方形截面，飞椽径与椽子相同。出檐长度为檐椽出的 0.5～0.6 倍，后尾长按出檐长的 2.5 倍计算。

Ⅳ大小连檐：大连檐是用来连接固定飞椽端头的木条，为梯形截面；小连檐是固定檐椽端头的木条，扁形截面，厚与望板相同，宽按 1 斗口控制。

Ⅴ瓦口木：这是钉在大连檐上，用来承托檐口瓦的木件，按屋面的用瓦做成波浪形木板条。瓦口板的高度一般按 0.5 椽径设置，厚度按椽径的 1/4 控制。

2）亭子建筑的屋面瓦作也包括苫背、做脊等泥瓦活。

Ⅰ苫背：苫背是指在屋面木基层的望板上，用灰泥分别铺抹屋面隔离层、防水层、保温层等的操作过程。

A. 隔离层主要是起隔离水汽、保护望板的作用，用白麻刀灰（白灰浆：麻刀＝50：1），在望板上均匀铺抹 10～20mm 厚。

B. 防水层是当隔离层干燥后，在护板灰上用麻刀泥（掺灰泥：麻刀＝50：3）或滑秸泥（掺灰泥：滑秸＝5：1）分别铺抹三层，每层厚不超过 50mm，抹平压实。

C. 保温层是对防水层起保护和保温作用的抹灰层，用大麻刀灰［白灰浆：麻刀＝100：（3～5）］分三～四层铺抹，每层厚不超过 30mm，每层之间铺一层夏麻布，以防止干裂，铺匀抹实后待自然晾干。

D. 扎肩凉背是当抹灰背完成后，将各垂脊挂线铺灰抹平，为做脊打好基础，此称为"扎肩";根据选用屋脊瓦件规格,铺灰宽度为300～500mm。最后将抹灰面加以适当遮盖养护,让其自然干燥,此称为"晾背",晾背时间一般在一个月以上,以干透为止。

Ⅱ凉亭屋面的垂脊:凉亭屋面的屋脊,除庑殿、歇山屋顶外,一般均只有垂脊。

A. 清制琉璃构件垂脊:清制琉璃构件垂脊所用的构件都是窑制定型产品,以垂兽为界,分为兽前段和兽后段。清制垂脊兽后段的构造,由下而上为斜当沟、压当条、三连砖、扣脊瓦等构件叠砌而成;兽前段由下而上为斜当沟、压当条、小连砖、盖筒瓦;然后安装走兽、仙人。

B. 清制黑活做法垂脊:清制黑活做法的垂脊,除垂兽为素窑制品外,其他构件均可为施工用的砖瓦材料现场加工。垂兽前段的构造,是在斜当沟之上砌筑瓦条、混砖,再安装走兽,脊心空隙用碎砖灰浆填塞,垂兽形式与琉璃制品相同,只是素色而已;垂兽后段的构造,是在斜当沟之上,安装瓦条、陡板砖、盖筒瓦,并抹灰做成眉子,脊端构件由下而上为沟头瓦、圭脚、瓦条、盘子、筒瓦坐狮。

(4)游廊的构造设计。游廊是供游人遮风挡雨的廊道篷顶建筑,具有可长可短、可直可曲、随形而弯、依势而曲的特点,适合各种地理环境。游廊依其地势造型不同可命名为直廊、曲廊、回廊、水廊、桥廊、爬山廊、迭落廊等;按照廊的立面构造分隔情况,可以分为透空式游廊、半透空式游廊、里外式游廊和楼层式游廊等四种。

游廊木构架的基本构件:园林建筑中的游廊,可采用卷棚式屋顶或尖山式屋顶,其中尖顶式木构架最简单,而卷棚式显得更容易将人融入园林环境之中。游廊的基本构架由左右两根檐柱和一榀屋架组成一副排架,再由枋木、檩木和上下楣子将若干副排架连接成整体长廊构架。以卷棚式木构架的构件为例介绍如下。

1)檐柱:游廊的檐柱,多做成梅花形截面的方柱,也可为圆形或六边形截面,柱径一般为20～40cm,柱高为11倍柱径,但不低于3m。柱脚做套顶榫插入柱顶石内。左右檐柱为进深,按步距确定,脊步距2～3倍檩径,檐步距4～5倍檩径。前后檐口的柱按面阔进行排列,面阔大小一般可在3.3m左右取定。

2)屋架:屋架由屋架梁和瓜柱组成。卷棚屋架由四架梁、月梁和脊瓜柱等组成;尖顶屋架由三架梁和脊瓜柱组成。四架梁为矩形截面,高 × 厚＝1.4×1.1柱径。梁长按左右檐柱之间距加2檩径,该间距一般为0.65～0.8檐柱高,或按进深步距之和取定。月梁即脊梁、二架梁,也是矩形截面,高厚均可按四架梁的0.8倍取定,长按脊步距加2倍檩径。脊瓜柱是支撑脊檩或脊梁(即月梁)的矮柱,其高按脊步举架和梁高统筹考虑,截面宽按0.8倍檐柱径,厚可按月梁厚或稍薄。

3)枋木:枋木有两种,一是在檐檩下连接各排檐柱的"檐枋",二是在脊檩下连接各排脊瓜柱的"脊枋"。枋木长度按排架之间的距离,檐枋截面高按1檐柱径取定,厚为高的0.8倍;脊枋截面的高和厚,按檐枋截面尺寸的0.8倍确定。

4)檩木:檩木一般均为圆形截面,分檐檩和脊檩,檩径均按0.9倍檐柱径设定。在枋木与檩木之间的空档,一般用垫板填补,板厚控制在0.25倍檐柱径左右。

5)屋面木基层:在檩木之上安装屋面木基层,由直椽、望板、飞椽、瓦口木等组成,其构造与其他建筑的屋面基层基本相同。

第四章　木结构建筑赏析

第一节　传统木结构建筑赏析

本节彩图请扫码

在漫长的历史发展中，传统木结构建筑不论在结构上还是在形式风格上，始终是承前启后、一脉相承的，并保持着一贯的完整性。我国古代传统木结构建筑通常由 3 个基本要素组成，分别为台基、木梁架屋身及屋顶。

传统木建筑历史悠久，很多仍然保存至今，因其具有以下优点：取材方便，容易加工；抵御地震作用能力较强；适应环境能力强。但传统木结构建筑也存在较多的缺陷，如施工工期长，需要大量人力；耐火性能差；木材的大量使用，使得森林资源匮乏等。

应县佛宫寺释迦塔（也称应县木塔）是 1961 年国家公布的全国首批重点保护文物之一，是世界现存最大、最古老的纯木结构佛塔，建于辽清宁二年（公元 1056 年），相当于北宋中期，距今已有近千年的历史（图 51）。近千年来，应县木塔躲过多次天灾人祸，雄立至今，堪称奇迹。譬如 1926 年，冯玉祥西北军向山西发展，遭到盘踞于此地的晋军拼死抗拒，冯阎大战在山西爆发。此次战争中，木塔共中弹 200 余发，大受创伤。而今日，木塔依旧风采焕然，是中国古木建筑中的奇迹。

塔是一种特殊建筑，它承天纬地的体态，形成神圣、永恒、庄重、崇高的神韵。塔最早产生于印度，后引入中国。塔的原始意义为"陵墓地上建筑物的又一种类型"，有纪念意义和标志性作用，也属于景观类建筑。中国古代的佛塔建制是从印度传过来的，魏晋时期随着佛教的盛行，引发了佛教建筑的蓬勃发展，所谓"南朝四百八十寺，多少楼台烟雨中"便是佐证。第一代塔为楼阁式木塔，第二代塔为密檐式塔，融合了中华民族儒道两学，显示出尊贵和高楼崇台的建筑艺术特色，塔一般都由地宫、基座、塔身、塔刹四部分组成。

应县木塔坐落于佛公寺南北中轴线上的山门与大殿之间，塔身由五座六檐平面八角形建筑垂直叠架而成，各层周置瓦檐，最上面覆以八角形瓦顶和塔刹，通高 67.31 米，底层直径 30.27 米，总重量约 7400 吨，塔高九层，檐角铃铛叮咚作响，十分悦耳。木塔上存有历代名人匾额题联，寓意深刻，笔力遒劲。应县木塔的设计，继承了汉、唐以来富有民族特点的重楼形式，结构上采用双层环形套筒空间框架，形成一层比一层小的优美轮廓。全塔在结构上没用一个铁钉，全靠构件互相榫卯咬合。全塔共使用 54 种不同形式的斗拱，种类之多，国内罕见，被世人称为"斗拱博物馆"。

悬空寺位于山西省大同市浑源县恒山金龙峡西侧翠屏峰峭壁间，原名"玄空阁"，建成于公元 491 年，是佛、道、儒三教合一的独特寺庙（图 52）。悬空寺建筑极具特色，以如临深渊的险峻而著称。

图 51
图 52

图 51　应县木塔
图 52　悬空寺

悬空寺布局：一院两楼，主要建筑包括南楼、北楼和长线桥，总长约32米，楼阁殿宇40间。悬空寺主要包括：寺院、禅房、佛堂、三佛殿、太乙殿、关帝庙、鼓楼、钟楼、伽蓝殿、送子观音殿、地藏王菩萨殿、千手观音殿、释迦殿、雷音殿、三官殿、纯阳宫、栈道、三教殿、五佛殿等。

悬空寺建筑具有如下特点：①寺庙建筑整体较小，殿楼的分布对称中有变化，分散中有联络，曲折回环，虚实相生，小巧玲珑，空间丰富，层次多变，小中见大，布局紧凑，错落相依。②全寺木质框架结构，其力学原理是半插横梁为基础，借助岩石的托扶，回廊栏杆、上下梁柱左右紧密相连，形成了一整个木质框架式结构，增加抗震性能。③悬空寺建筑构造形式丰富多彩，屋檐包括单檐、重檐、三层檐；结构包括抬梁结构、平顶结构、斗拱结构；屋顶包括正脊、垂脊、戗脊、贫脊；总体外观巧构宏制、重重叠叠，构成窟中有楼、楼中有穴、半壁楼殿半壁窟、窟连殿、殿连楼的独特风格。

晋祠原名为晋王祠，是为纪念晋国开国诸侯唐叔虞而建，至今已有1500余年历史，位于山西省太原市，始建于北魏，是中国现存最早的皇家园林，占地面积约10万平方米（图53）。祠内文物荟萃，古木参天，风景优美，且有数十座历史悠久的古木结构建筑，具有中华传统文化特色。晋祠作为景点的寺庙园林，经历了千年建设发展，

图53　晋祠

形成了宗教的三教合一、祭祀祖先的园林圣地，祠内多为祠、庙、寺、观等供奉祭祀建筑为主，不过祠内也包含大量亭、台、桥、榭的园林建筑小品。

晋祠中的圣母殿是现今宋代遗存木建筑中最大的殿堂建筑之一，是宋代建筑结构艺术水准最高的作品，是晋祠的主体建筑，以圣母殿至晋祠大门为中轴线，两边地形高低起伏，分别构成了南线和北线。南线建筑亭桥点缀泉水环绕，绿树衬托，风景优美，颇有江南园林的韵味；北线地势高低起伏，诗词碑石壮丽，崇楼高阁，建筑错综排列。

北吉祥寺位于山西省陵川县礼义镇西北，建于公元770年，历代均有修葺。其山门和中殿建于宋代，历史最古，后殿与两厢为元代的建筑风格，其余均为明、清时期重修，形制优美，为研究中国古代建筑艺术提供了珍贵的实物资料，现在为全国重点文物保护单位（图54）。

图 54　北吉祥寺

第二节　轻型木结构建筑赏析

本节彩图
请扫码

轻型木结构是由构件断面较小的规格材料均匀密布连接组成的一种结构形式，它由主要结构构件（结构骨架）和次要结构构件（墙面板、楼面板和屋面板）共同作用，承受各种荷载，最后将荷载传递到基础上，具有经济、安全、结构布置灵活的特点。

现代轻型木结构建筑在北美主要应用于住宅建筑中，利用北美云杉、花旗松、冷杉等规格材（SPF）产品和工程木质产品（EWP）搭建承重墙框架；利用单板层积材（LVL）或胶合木（Glulam）作为房屋的梁和柱同木质工字梁（I-joist）组合搭建承重楼板；利用多榀桁架屋架，组合搭建承重屋顶；内外墙均采用 SPF 作为骨架，填充保温材料，内层贴防火石膏板，外层贴定向刨花板（OSB）。近年来，工程木质材料在技术工艺和设计上取得了很大进步，例如新型产品正交层积材（CLT），将三层以上的木材层板以相邻层纹理成一定角度胶合成整板，用于装配式建筑的预制屋顶、地板和墙体。

轻型木结构建筑的骨架构件和墙面板、楼面板及屋面板共同受力，构成一个整体结构体系，获得较好的结构强度和刚度。轻型木结构一般可以分为基础和上部结构。基础一般采用钢筋混凝土结构形式，上部采用木结构形式，通过混凝土基础预埋的连接构件将上下结构连为一体。结构部分完成后，在外墙采用各种挂板或其他材料进行装饰，而内墙面和顶面用石膏板装饰基层，表面采用不同的饰面材料进行装饰，形成复合墙体、复合屋面、复合楼板等技术的完美组合，是一个完整的房屋建造体系。轻型木结构房屋以其诸多优点，在很多国家得到了广泛应用，在加拿大和美国几乎所有的低层住宅都是轻型木结构房屋。其主要优点有：材料利用率高，投资少；施工安装方便；施工周期短，施工过程简单；节省能源；可利用空间扩大；抗震性能强。由于其诸多优点，近几年来，木结构作为一种时尚，在我国建筑领域悄然兴起。四川汶川地震后，我国许多地区都流行一种木结构建筑，木结构房屋、木质别墅、度假木屋等木结构设计建造公司相继成立。

业内人士认为轻型木结构房屋顺应现代住宅的建筑理念，重视能耗、生态等综合效益，拥有时代气息，更多样、更生动的居住形式不但满足了人们理想住房的要求，也丰富了消费者的选择（图 55～图 136）。轻型木结构房屋在中国未来的趋势被看好。

图 55   轻型木结构民居（1）

图 57

图 56

图 58

图 56　轻型木结构民居（2）
图 57　轻型木结构民居（3）
图 58　轻型木结构民居（4）

图 63 ｜ 图 62
　　　　 ｜ 图 64

图 62　轻型木结构民居（8）
图 63　轻型木结构民居（9）
图 64　轻型木结构民居（10）

图 65

图 66

图 67

图 65　轻型木结构民居（11）
图 66　轻型木结构民居（12）
图 67　轻型木结构民居（13）

图 68
图 69
图 70

图 68 轻型木结构民居（14）
图 69 轻型木结构民居（15）
图 70 轻型木结构民居（16）

图 71 　轻型木结构民居（17）

图 72 　轻型木结构民居（18）

图 73 　轻型木结构民居（19）

图 75 |
图 74
图 76

图 74　轻型木结构民居（20）
图 75　轻型木结构民居（21）
图 76　轻型木结构民居（22）

图 77

图 78

图 79

图 77　轻型木结构民居（23）
图 78　轻型木结构民居（24）
图 79　轻型木结构民居（25）

图 80

图 81

图 82

图 80　轻型木结构民居（26）
图 81　轻型木结构民居（27）
图 82　轻型木结构民居（28）

图 83
　　　　　图 84
图 85

图 83　轻型木结构民居（29）
图 84　轻型木结构民居（30）
图 85　轻型木结构民居（31）

图 87 ｜ 图 86
　　　 ｜ 图 88

图 86　轻型木结构民居（32）
图 87　轻型木结构民居（33）
图 88　轻型木结构民居（34）

图 89

图 90

图 91

图 89　轻型木结构民居（35）

图 90　轻型木结构民居（36）

图 91　轻型木结构民居（37）

图 92
图 93
图 94

图 92　轻型木结构民居（38）
图 93　轻型木结构民居（39）
图 94　轻型木结构民居（40）

图 95

图 96

图 97

图 95　轻型木结构民居（41）

图 96　轻型木结构民居（42）

图 97　轻型木结构民居（43）

	图 98
图 99	
	图 100

图 98 轻型木结构民居（44）

图 99 轻型木结构民居（45）

图 100 轻型木结构民居（46）

图 101	
	图 102
图 103	

图 101　轻型木结构民居（47）
图 102　轻型木结构民居（48）
图 103　轻型木结构民居（49）

	图 104
图 105	
	图 106

图 104　轻型木结构民居（50）
图 105　轻型木结构民居（51）
图 106　轻型木结构民居（52）

图 107	
	图 108
图 109	

图 107　轻型木结构民居（53）

图 108　轻型木结构民居（54）

图 109　轻型木结构民居（55）

	图 110
图 111	
	图 112

图 110 轻型木结构民居（56）
图 111 轻型木结构民居（57）
图 112 轻型木结构民居（58）

图 113

　　　　图 114

图 115

图 113　轻型木结构民居（59）
图 114　轻型木结构民居（60）
图 115　轻型木结构民居（61）

图 116

图 117

图 118

图 116　轻型木结构民居（62）
图 117　轻型木结构民居（63）
图 118　轻型木结构民居（64）

图 119

图 120

图 121

图 119　轻型木结构民居（65）
图 120　轻型木结构民居（66）
图 121　轻型木结构民居（67）

	图 122
图 123	
	图 124

图 122 轻型木结构民居（68）

图 123 轻型木结构民居（69）

图 124 轻型木结构民居（70）

图 125　轻型木结构民居（71）
图 126　轻型木结构民居（72）
图 127　轻型木结构民居（73）

	图 128
图 129	
	图 130

图 128　轻型木结构民居（74）
图 129　轻型木结构民居（75）
图 130　轻型木结构民居（76）

图 131

　　　　图 132

图 133

图 131　轻型木结构民居（77）
图 132　轻型木结构民居（78）
图 133　轻型木结构民居（79）

图 135	图 134
	图 136

图 134　轻型木结构民居（80）
图 135　轻型木结构民居（81）
图 136　轻型木结构民居（82）

第三节　井干式木结构建筑赏析

井干式木结构建筑赏析见图137～图148。

本节彩图
请扫码

图 137	
	图 138
图 139	

图 137　井干式民居（1）
图 138　井干式民居（2）
图 139　环卫建筑

	图 140
图 141	
	图 142

图 140　混合式井干式建筑
图 141　井干式构造节点
图 142　井干式构造内饰

图 143	
	图 144
图 145	

图 143　井干式民居内饰

图 144　俄罗斯井干式教堂

图 145　井干式木结构建筑（1）

	图 146
图 147	
	图 148

图 146 井干式木结构建筑（2）
图 147 井干式木结构建筑（3）
图 148 井干式木结构建筑（4）

第四节　重型木结构建筑赏析

本节彩图
请扫码

重型木结构建筑赏析见图149～图158。

图 149　安徽李府（1）
该建筑为传统重型木结构建筑，结
构采用梁柱式结构形式

图 150　安徽李府（2）
该建筑采用集成材作为梁柱的主要材料，
属于现代重型木结构建筑

图 151　土楼木结构建筑

	图 152
图 153	
	图 154

图 152 办公楼
图 153 图书馆
图 154 竹制重型木结构

图 155 ｜ 图 156
　　　　｜ 图 157
图 158 ｜

图 155　胶合木结构建筑（1）
图 156　胶合木结构建筑（2）
图 157　苏州皇家设计制造的胶合木结构建筑
图 158　胶合木结构

第五节　园林景观木结构艺术加工

本节彩图
请扫码

　　我国园林中主要建筑类型包括殿、堂、亭、楼、阁、廊、厅、轩、馆、榭、舫等。与其他建筑形式相比，园林建筑更加注重观赏性及建筑本身与园林景观的和谐。不同类型的园林建筑具有不同的作用，园林建筑的另一个特点是注重装饰色彩的细腻、雅致。

　　1. 殿　　殿是皇家园林中独有的建筑形式，供皇帝游园时居住或处理政事使用。

与皇宫中的殿不同,园林中的殿多与其所处地形、山石及自然环境相结合,不强调坐北朝南,体现皇帝的尊贵地位,而是根据地形灵活布局,整体呈现出庄重而富有变化的园林气氛(图 159)。

图 159 殿(宋文《中国传统建筑图鉴》)

2. 堂 堂是皇家园林和私家园林中较为常见的建筑形制(图 160)。皇家园林中的堂,多是供帝王、后妃生活起居或游玩时休息的地方,形式上比较灵活,布局上分厅堂居中式和开敞式两种。厅堂居中式多在两旁配有厢房,组成封闭的院落,供帝王、后妃生活起居;开敞方式的布局也是使堂居于中心地位,周围配有亭廊、山石、花木等,布局并不对称,一般供帝王、后妃在游园时休息观赏之用。私家园林中的堂在园林中多占主体地位,堂与厅的形制大致相同。《园冶》中记载:"凡园圃立基,定厅堂为主,先乎取景,妙在朝南。"堂和厅主要是用来观赏园林中的景色、招待客人等,二者功能相同、结构类似,二者之间的区别在于梁架使用长方形木料的称为厅,梁架使用圆形木料的为堂。一般堂装修较为华丽,面阔三间至五间不等;厅的形式多样,常见的有四面厅、鸳鸯厅、花厅、荷花厅等。

3. 亭 亭是园林中使用最多的建筑,不管是皇家园林还是私家园林中都常使用,是园林中重要的点景建筑(图 161~图 164)。亭设计巧妙,造型小巧秀丽,变化多样,选材不限,多设在山上、树林中或路旁、水旁等。亭的形状多种多样,有正方形、长方形、三角形、六角形、八角形、圆形、扇面形等,除这些基本形状外,还有组合亭,如两个单圆亭组合成的双环亭,平面和方形亭组成的套方亭等。亭的立面有

图 160　堂（宋文《中国传统建筑图鉴》）

图 161　亭（宋文《中国传统建筑图鉴》）

	图 162
图 163	
	图 164

图 162 休闲四角亭（1）

图 163 休闲四角亭（2）

图 164 井干式构造节点木质八角亭

单檐、重檐，多为攒尖顶，也有歇山顶、硬山顶、卷棚顶、平顶等。根据亭所处位置不同，又可分为山亭、路亭、桥亭、水亭等。

4. 廊　廊本是住宅中的附属建筑，后来成为园林中常见的建筑形式之一（图 165～图 167）。廊不仅可以供人歇息，而且有划分空间、增加园林风景的作用。廊形式多样，常见的有直廊、曲廊、波形廊、复廊等，根据廊所处的位置，又可分为空廊、回廊、楼廊、爬山廊等。廊的布置并不是单一的，它可以随建筑、布局的需要而随意变化。

5. 榭　榭原指建在高台上用来观览、娱乐用的敞屋，或在建筑物四面立落地门窗（图 168、图 169）。榭平面多为长方形，形式自由，多与廊、亭组合。明清时期将园林中建在水边的敞屋称水榭，故明清时期及以后，榭一般指水榭。《园冶》记载："榭者，借也。借景而成者也，或水边，或花畔，制亦随态。"水榭是用来观赏水景用的，接近水面，榭前有平台伸入水面，上层建筑低矮扁平，看起来像凌空架在水上。临水一面宽敞，设有坐槛或美人靠，供人休憩。

6. 舫　舫是园林的水池畔修建的船形建筑，舫的前半部多深入水中，给人以置身舟中的感觉，舫首一般设有桥供人进入舫中（图 170）。舫由前舫、中舫、尾舫三部分组成，前舫较低，多设有矮墙或窗，供人休息或设宴；尾舫最高，多为两层且四面开窗以供人远眺。江南私家园林中的舫，多仿湖中画舫修建，造型灵活多变。

7. 楼　楼是园林中常用的建筑形式，指两层以上的建筑，由"台"发展而来（图 171）。《说文》记载："楼，重屋也。"楼可用来登高观赏园林及园外景色，又可供休息。在园林布局中，楼可分为主景和配景两种形式，作为主景的楼多造型突出而鲜明，作为配景时多被掩映在林木之中。

8. 阁　阁在皇家园林中较为常见，是一种类似楼房的建筑物，一般供远眺、游憩、藏书或供佛。阁通常底部架空、底层高悬，上下层之间除了腰檐外还设有平座，并在四周开窗。《园冶》中记载："阁者，四阿开四牖。汉有麒麟阁，唐有凌烟阁等，皆是式。"因为阁与楼的建筑形制相似，不易区分，所以人们常将楼阁并称，同一种建筑形制，有时称楼，有时又称阁。不过阁与楼之间又有所不同，比如有些临水而建的一层建筑，也称为阁或称水阁。相对而言，阁的造型比楼轻盈，平面常为四方形或对称多边形。

9. 轩　轩是指四面通透的建筑，其形式多样，一般作为观赏性的建筑，常见类型有茶壶档轩、弓形轩、一枝春轩、船篷轩等，《园冶》中记载："轩式类车，取轩轩欲举之意，宜置高敞，以助胜则称。"在江南园林中有不少临水而建的敞轩，建筑形制与榭相似，但不伸入水中，临水一面开放，柱间设有美人靠。皇家园林中的轩一般设在高旷、幽静的地方，多与亭、廊结合，组成错落变化的空间。

10. 馆　馆的建筑形制与厅、堂相仿，一般用来招待宾客或供人起居（图 172）。《说文》中记载："馆，客舍也。"私家园林建筑中的馆，多供会客或休息使用，在园林中的布局较为灵活，规模有大有小，有的面向庭园，可观赏山石花木，有的临水倚楼，但多与居住型建筑以及主要厅堂建筑组合。在清代皇家园林建筑中，馆通常是指一组建筑群，如宜园馆是供皇后居住的地方，听鹂馆是供帝后欣赏戏曲表演的地方。

11. 斋　斋是指园林中位于幽静之处的书房或小居室，空间一般较封闭，形式不拘一格（图 173）。《园冶》中记载："斋较堂，唯气藏而致敛，有使人肃然斋敬之义。

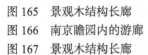

图 165
图 166
图 167

图 165　景观木结构长廊
图 166　南京瞻园内的游廊
图 167　景观木结构长廊

图 168

　　　　图 169

图 170

图 168　榭（宋文《中国传统建筑图鉴》）

图 169　中山陵中的水榭

图 170　舫（宋文《中国传统建筑图鉴》）

	图 171
图 172	图 173

图 171　楼（宋文《中国传统建筑图鉴》）

图 172　馆（宋文《中国传统建筑图鉴》）

图 173　斋（宋文《中国传统建筑图鉴》）

盖藏修密处之地，故式不宜敞显。"斋一般被修建在园林封闭的院落中，相对独立，与外界隔离。

12. 塔　塔是佛塔的简称，多出现在佛寺组群中。由于它姿态挺拔高耸，因而对景观起重要衬托作用，是园林中重要的点景建筑之一。塔的形式大致可分为楼阁式、密檐式、单层塔三个类型，但变化繁多，大小不一，形态各异，平面以方形与八角形居多。塔的高度，以层数之多少而各有差异，一般有五级塔、七级塔、九级塔、十三级塔。建塔的材料，通常采用砖、瓦、木、铁、石等。有的塔内可以登高望远，实心塔则仅供观赏。

13. 台　台是指高耸的构筑物，以作登眺之用（图174～图177）。天文台也是台的一种类型，如河南登封观星台。明清园林中"或掇石而高上平者，或木架高而版平无屋者，或楼阁前出一步而敞者"都被视作为台。目前遗留的古典园林中使用较多

图174　木结构建筑栈道和平台
图175　木质阳台

的台则是另一种形式，是建筑在厅堂之前，高与厅堂台基相平或略低，宽与厅堂相同或减去两梢间之宽，如北京恭王府安善堂前平台、苏州拙政园远香堂前平台以及留园寒碧山房前放入平台等。这些台的作用乃是供纳凉、赏月之用，一般称作月台或露台。当今，木质平台以及木质阳台的应用极其广泛。

14．门楼 《营造法原》中记载："凡门头上施数重砖砌之枋，或加牌科等装饰，上覆以屋面，而其高度超出两旁之塞口墙者。"南方住宅，每进庭院之间多用墙垣分隔前后，门头上用砖砌筑雕饰如屋，高出两旁之墙（塞口墙）者，称之为"门楼"（图178）。若两旁墙垣高出其屋顶者，则称"墙门"。

	图 176
图 177	
	图 178

图 176　木质观景平台
图 177　木质看台
图 178　门楼牌坊

第五章 公共卫生间——木结构青城驿站

公共卫生间在城市空间中并不显眼，然而在城市生活中却有着不容忽视的作用。它不仅满足了人们的生理需求，并且在时代的发展中，更是成为社会的一种文化符号、一个现代城市文明形象的窗口，可以体现一座城市的公共文化生活，衡量城市文明的进步程度和人们审美意识的价值取向。

本节彩图
请扫码

现在，人们对于生活和公共空间的关注焦点为绿色、生态、健康等理念。木结构建筑被称为绿色环保健康型的建筑，是因为它不仅采用了绿色的建材，而且符合节能、生态环保的要求，对自然环境无污染。人们在满足城市居民便利及环境卫生的前提下，遵循了可持续发展的原则，以生态学为基础，以人与自然的和谐为核心，大力推动建造新时期具有创新理念的公共卫生间——木结构青城驿站。

青城驿站的建设彻底改变人们心目中对公共卫生间的概念，体现出建筑新时尚，打造出城市的亮丽风景，充分体现了木结构建筑的造型艺术，充分彰显了木材的美学特性，充分发挥了木材的加工艺术。本书选取典型木结构青城驿站，供读者鉴赏（图179～图202）。

图 179 木结构青城驿站（1）

	图 180
图 181	
	图 182

图 180 木结构青城驿站（2）
图 181 木结构青城驿站（3）
图 182 木结构青城驿站（4）

	图 186
图 187	
	图 188

图 186　木结构青城驿站（8）

图 187　木结构青城驿站（9）

图 188　木结构青城驿站（10）

图 189

图 190

图 191

图 189 木结构青城驿站（11）
图 190 木结构青城驿站（12）
图 191 木结构青城驿站（13）

	图 192
图 193	
	图 194

图 192　木结构青城驿站（14）
图 193　木结构青城驿站（15）
图 194　木结构青城驿站（16）

图 195	
	图 196
图 197	

图 195　木结构青城驿站（17）
图 196　木结构青城驿站（18）
图 197　木结构青城驿站（19）

	图 198
图 199	
	图 200

图 198　木结构青城驿站（20）
图 199　木结构青城驿站（21）
图 200　木结构青城驿站（22）

图 201

图 202

图 201　木结构青城驿站（23）
图 202　木结构青城驿站（24）

参 考 文 献

白丽娟，王景福，2014. 古建清代木构造［M］. 北京：中国建材工业出版社.

曹玉梅，魏右海，李培建，2010. 浅谈木结构在园林中的应用与发展前景［J］. 当代生态农业，（4）：77-79.

樊承谋，2003. 木结构在我国建筑中应用的前景［J］. 木材工业，（3）：4-6.

樊承谋，聂圣哲，2007. 现代木结构［M］. 哈尔滨：哈尔滨工业大学出版社.

费本华，刘雁，2011. 木结构建筑学［M］. 北京：中国林业出版社.

高凌，2011. 我国低碳节能型木结构建筑的发展之路［J］. 重庆建筑，（5）：49-52.

季雪，2011. 土木建筑文化基础.［M］. 北京：清华大学出版社.

李振升，罗欣，李燕萍，2016. 现代轻型木结构建筑的应用特点［J］. 安徽农业科学，44（5）：190-191，205.

梁俊，2007. 景观小品设计［M］. 北京：中国水利水电出版社.

楼庆西，2008. 中国传统建筑文化.［M］. 北京：中国旅游出版社.

卢光伟，2008. 木构在景观中运用的技术研究［D］. 南京：南京林业大学.

马俊飞，黄大岸，2007. 品读中国木文化［J］. 高等建筑教育，（1）：5-7.

潘谷西，2003. 中国建筑史.［M］. 北京：中国建筑工业出版社.

秦雅楠，2018. 晋祠中建筑与园林景观的关系探析［J］. 安徽建筑，24（1）：63-65.

施雯瑜，吴冬蕾，2019. 城市公共厕所的革命：谈中国城市公共厕所空间的设计发展［J］. 大众文艺，（15）：122-123.

施煜庭，2006. 现代木结构建筑在我国的应用模式及前景的研究［D］. 南京：南京林业大学.

施煜庭，王煜华，Francois Lausecker，等，2011. 欧洲现代木结构建筑不同的构造技术和成本分析［J］. 林产工业，（1）：54-57.

宋文，2010. 中国传统建筑图鉴［M］. 北京：东方出版社.

王蔚，恩隶，2009. 中国建筑文化.［M］. 北京：时事出版社.

王玉岚，2010. 抗震节能环保木结构建筑的回归应用研究［J］. 四川建筑，（5）：118-120.

吴剑，2016. 应县木塔［J］. 工会信息，（32）：3.

徐洪涛，2008. 大跨度建筑结构表现的建构研究［D］. 上海：同济大学.

徐伟涛，2018. 木结构建筑在北美和我国的发展概况［J］. 林产工业，45（10）：7-10，16.

徐艳文，2012. 韩国的古建筑群：景福宫［J］. 上海房地，（10）：59.

徐艳文，2015. 宫殿与园林的完美结合：韩国景福宫的古建筑群［J］. 中华建设，（08）：41-43.

杨纪，2019. 千年晋祠［J］. 检察风云，（21）：88-89.

姚红媛，张毅，李静，2012. 浅谈园林生态景观应用中的木结构建筑及设计［J］. 价值工程，（34）：100-101.

佚名，2012. 山西十大最美古代建筑［J］. 文物世界，（4）：1，81-82.

袁哲飞，2015. 中小跨度新型木桁架的设计研究［D］. 南京：南京林业大学.

苑素云，2013. 轻型木结构建筑特点及发展前景［J］. 新型建筑材料，40（9）：56-58.

张宏健，费本华，2013. 木结构建筑材料学［M］. 北京：中国林业出版社.

张雪雯，张苏俊，2018. 我国传统与现代木结构建筑的对比分析［J］. 建筑技术开发，45（4）：4-5.

张驭寰，2010. 中国古建筑源流新探.［M］. 天津：天津大学出版社.

张仲强，范路，2002. 木结构建筑［J］. 世界建筑，（9）：17-21.

赵新良，2012. 建筑文化与地域特色.［M］. 北京：中国城市出版社.

周靓，2014. 新中式建筑艺术［M］. 北京：中国建筑工业出版社.

周维权，2001. 中国古典园林史［M］. 北京：中国建筑工业出版社.

周玉明，黄勤，姜彬，2013. 中国古典园林设计［M］. 北京：化学工业出版社.

附　录

附录一　梁柱木结构案例赏析
——以韩国景福宫梁柱木结构建筑为例

本节彩图
请扫码

梁柱木结构建筑是古代建筑的主要建筑形式，其宏伟的合理布局、精细的结构设计、巧妙的建筑构思、科学的建筑体系、精致的建筑装饰，充分体现了建筑科学之美。

景福宫便是其中之一，其位于韩国首尔（旧名汉城）北部，是园林与宫殿的完美结合，是一座历史悠久、规模宏大的古老宫殿，景福宫占地面积达 15 万坪（约合 50 公顷），呈正方形，南面是正门光化门，东面是建春门，西面是迎秋门，北面是神武门，内有勤政殿、思政殿、康宁殿、交泰殿、慈庆殿、庆会楼、香远亭等殿阁，建筑宏伟大气、富丽堂皇、古色古香、颜色亮丽，是古代梁柱木结构建筑的典范，其中，景福宫的勤政殿是韩国最大、最古老的古代木质结构建筑，建筑造型优美绚丽，建筑整体施以雄伟壮观的丹青，整体建筑呈现庄严肃穆，气势磅礴的效果，人们都称景福宫既是园林又是宫殿，环境悠然素雅、秀美朦胧。景福宫无论是外形还是色彩都继承了中国建筑的特点。若细观景福宫，其体现出的韩国古建筑的特点也非常突出，建筑屋面坡度较缓，屋脊与四角起翘昂扬，配以斗拱，线条优美大气，配合门窗的窄长比例、屋顶的出檐，赋予整个建筑鲜明的立体感（附图 1～附图 11）。

韩国古代建筑既融合了朝鲜民族的特色，又吸收了我国唐代古建筑的建筑风格。建筑细节上有拱、有出檐、有弯曲的屋脊，表明韩国古建筑工程的营造技术与我国唐代建造有所类似。

附图 1　韩国景福宫梁柱式木结构门楼（1）

附图 2

附图 3

附图 4

附图 2　韩国景福宫梁柱式木结构门楼（2）
附图 3　韩国景福宫木结构建筑（1）
附图 4　韩国景福宫木结构建筑（2）

附图6	附图5
	附图7

附图 5　韩国景福宫木结构建筑（3）

附图 6　韩国景福宫木结构建筑（4）

附图 7　韩国景福宫木结构建筑（5）

附图8

附图9

附图10

附图11

附图8　韩国景福宫木结构建筑（6）
附图9　韩国景福宫木结构建筑（7）
附图10　韩国景福宫木结构建筑（8）
附图11　韩国景福宫木结构建筑（9）

附录二　桁架木结构案例赏析——以德国桁架木结构建筑为例

本节彩图
请扫码

　　桁架木结构是一种独特的木结构建筑结构构件形式，桁架通过桁架腹杆、弦杆来支撑、传递荷载。桁架杆件主要承受轴向拉力或压力，充分利用木材的强度优势，特别在跨度较大时可以比实腹梁节省材料，能增大刚度并且减轻自重。在木结构建筑中木桁架广泛存在，由于木桁架较高的承载力与重量比可以实现较大的跨度，在平面布置方面具有较大的灵活性，木桁架可以设计成各种形状和尺寸，仅受制造能力、运输和搬运的限制。

　　德国的桁架木结构建筑成为其特色民居，特别在德国南部，随处可见大量的桁架木结构民居。这种桁架木结构也称半木结构房屋，有着粗重的三角形木桁架，桁架的架与架之间填充了泥土和砖来使结构更加稳定。

　　桁架木结构房屋成为德国建筑的流行特色，当地德语称为 Fachwerkhaus，据不完全统计，德国境内现存约 250 多万座桁架木结构建筑，所用木材多为冷杉或者橡树。桁架木结构建筑中柱、横撑（斜撑）结构等暴露在墙面外，可看到不同的桁架几何图案，形成别样的风景，像一幅幅巨大的拼图。据报道，早在 20 世纪 90 年代，德国开辟了一条"桁架房屋之路"，从易北河一直延伸至博登湖，共分为 9 个路段，这一举措将桁架木结构的建筑美学推向制高点。

　　随处可见的裸露于外墙的木桁架构成整洁或杂乱繁复的、规则或不规则的图案，这本不是图案设计，却是桁架结构设计之美；木桁架置于整座房子框架之中，体现骨架之美、图案之美；木桁架辅以泥坯填充，泥坯颜色各异，多以白色居多，木桁架涂以深褐色，甚至有木雕呈现，颜色丰富，充分体现建筑的科学之美（附图 12～附图 44）。

附图 12　
———————
附图 13
附图 14

附图 12　德国桁架式木结构房屋（1）
附图 13　德国桁架式木结构房屋（2）
附图 14　德国桁架式木结构房屋（3）

附图 15	附图 18
附图 16	附图 19
附图 17	

附图 15　德国桁架式木结构房屋（4）

附图 16　德国桁架式木结构房屋（5）

附图 17　德国桁架式木结构房屋（6）

附图 18　德国桁架式木结构房屋（7）

附图 19　德国桁架式木结构房屋（8）

附图 21	附图 20
	附图 22

附图 20　德国桁架式木结构房屋（9）
附图 21　德国桁架式木结构房屋（10）
附图 22　德国桁架式木结构房屋（11）

附图 23　德国桁架式木结构房屋（12）

附图 24　德国桁架式木结构房屋（13）

附图 25　德国桁架式木结构房屋（14）

	附图 26
附图 27	
	附图 28

附图 26　德国木结构民居（1）
附图 27　德国木结构民居（2）
附图 28　德国木材贴面装饰房屋

附图 29	
	附图 30
附图 31	

附图 29　德国桁架式木结构房屋（15）
附图 30　德国桁架式木结构房屋（16）
附图 31　德国桁架式木结构房屋（17）

附图 32	附图 33
附图 34	附图 35

附图 32 德国桁架式木结构房屋（18）
附图 33 德国桁架式木结构房屋（19）
附图 34 德国桁架式木结构房屋（20）
附图 35 德国桁架式木结构房屋（21）

附图 36	
	附图 37
附图 38	

附图 36　德国桁架式木结构房屋（22）
附图 37　德国桁架式木结构房屋（23）
附图 38　德国桁架式木结构房屋（24）

附图 39　德国桁架式木结构房屋（25）

附图 40　德国桁架式木结构房屋（26）

附图 41　德国桁架式木结构房屋（27）

附图 42

附图 43

附图 44

附图 42　德国桁架式木结构房屋（28）

附图 43　德国桁架式木结构房屋（29）

附图 44　德国桁架式木结构房屋（30）